普通高等教育新工科人才培养规划教材（虚拟现实技术方向）

虚拟现实（VR）设计方法论

主　编　黎　娅　刘　明
副主编　丁锦箫　任航璎

中国水利水电出版社
www.waterpub.com.cn
·北京·

内 容 提 要

本书结合艺术设计的相关本质理论，立足虚拟现实（VR）设计，探寻虚拟现实（VR）设计与其他设计的相同点和不同点，研究虚拟现实（VR）设计的方法、过程。为设计师设计出更适合人们使用的虚拟现实（VR）产品提供一定的思路。另外，对虚拟现实（VR）的市场需求和人才培养的需求指出相应的方向。最后，对虚拟现实（VR）市场的应用现状及前景进行分析，对虚拟现实（VR）设计师的职业能力培养和素养提高给出了相应的建议。本书可以帮助从事虚拟现实（VR）设计的人员从审美方面了解设计的方法和思路。本书可作为高职院校虚拟现实（VR）专业的教材，也可作为社会培训用书。

图书在版编目（ＣＩＰ）数据

虚拟现实（VR）设计方法论 / 黎娅，刘明主编. --
北京 ：中国水利水电出版社，2018.8（2019.12 重印）
普通高等教育新工科人才培养规划教材. 虚拟现实技
术方向
    ISBN 978-7-5170-6756-6

    Ⅰ．①虚… Ⅱ．①黎… ②刘… Ⅲ．①虚拟现实－高
等学校－教材 Ⅳ．①TP391.98

    中国版本图书馆CIP数据核字(2018)第185580号

策划编辑：寇文杰　　责任编辑：张玉玲　　加工编辑：张青月　　封面设计：梁燕

书　　名	普通高等教育新工科人才培养规划教材（虚拟现实技术方向） 虚拟现实（VR）设计方法论 XUNI XIANSHI（VR）SHEJI FANGFALUN
作　　者	主　编　黎　娅　刘　明 副主编　丁锦箫　任航璎
出版发行	中国水利水电出版社 （北京市海淀区玉渊潭南路 1 号 D 座　100038） 网址：www.waterpub.com.cn E-mail：mchannel@263.net（万水） 　　　　sales@waterpub.com.cn 电话：（010）68367658（营销中心）、82562819（万水）
经　　售	全国各地新华书店和相关出版物销售网点
排　　版	北京万水电子信息有限公司
印　　刷	雅迪云印（天津）科技有限公司
规　　格	184mm×260mm　16 开本　10 印张　217 千字
版　　次	2018 年 8 月第 1 版　2019 年 12 月第 2 次印刷
印　　数	2001—4000 册
定　　价	45.00 元

凡购买我社图书，如有缺页、倒页、脱页的，本社营销中心负责调换

前　言

　　虚拟现实源于英文 Virtual Reality，通常被简称为 VR。虚拟现实（VR）技术是继计算机、互联网和移动通信之后的又一次信息产业的革命性发展，它已成为全球技术研发的热点。VR 技术被公认为是 21 世纪最具潜力的发展学科以及影响人类生活的重要技术，VR 技术已被正式列为国家重点发展的战略性新兴产业之一。虚拟现实技术是以计算机技术为核心，融合了计算机图形学、多媒体技术、传感器技术、光学技术、人机交互技术、立体显示技术、仿真技术等多项技术的新兴技术，同时蕴含着艺术审美，其目标旨在生成逼真的视觉、听觉、触觉、嗅觉一体化的具有美的真实感的三维虚拟环境。由此可知，VR 技术除了涉及上述各项技术以外，还必须具有审美意识。要想达到这一目标，需要技术部门与艺术部门紧密结合，在达到技术要求的前提下，力争形成具有审美效果的作品。

　　此外，VR 产业的快速发展及其与多个行业领域的融合态势，带动了 VR 产业链中人才需求的井喷，衍生了新型人才的培养需求。2016 年 6 月，全球最大的职业社交网站 LinkedIn（领英）发布的《全球虚拟现实（VR）人才报告》中的数据显示：美国 VR 人才数量占全球总数的 40%，中国 VR 人才数量占全球总数的 2%。从 VR 职位需求量来看，美国独占近半，中国则约占 18%，人才需求量位居全球第二，高质量 VR 人才的匮乏成为中国 VR 产业发展的核心症结。在人才急需的现状下，高校 VR 人才培养刻不容缓。现当下艺术设计方法的书目已有一些，但几乎没有针对 VR 行业的。本书基于对传统设计方法论的深入分析，结合 VR 设计特点，紧扣高职学生学习特征，整理出符合 VR 行业要求、适应高职学生学习的知识与方法要点，以满足 VR 行业与院校学习者的需要。

　　在编写思路上，本书以教学对象的认知水平和学习规律为出发点，结合行业需求和专业特色的实际情况编写，将在 VR 设计过程中所遇到的各项问题进行理论化，形成比较完整的理论体系。在内容的安排上，本书开篇首先让学生了解 VR 的本质、起源及发展历程；然后将 VR 设计的分类进行介绍，让学生将每一种设计的原则都熟记于心；之后再详细分析 VR 设计的要素、流程、影响 VR 设计效果的几大要素，对 VR 设计创意以及 VR 设计师养成、VR 应用领域和前景进行介绍。通过此书内容，可以让学生全面掌握 VR 设计的相关方法。在教材特色方面，本书具有以下点：一是理论体系比较完整；二是与虚拟现实技术结合紧密；三是符合应用型人才培养特点。

　　本书内容丰富、结构清晰、图文并茂、通俗易懂，整体架构循序渐进、由浅入深，可以有效地激发读者兴趣，引导读者主动学习。本书附有配套数字资源，包括习题集和教案，供使用者参考。

本书由黎娅、刘明任主编,丁锦箫、任航璎任副主编。杨秀杰、陈竺、牟向宇、刘琳、杨丽芳、张建华等对编写工作提供了支持与指导。此外,在本书编写过程中还得到了武春岭教授的支持与帮助,重庆华夏人文艺术研究院所提供了艺术设计参考内容,网龙华渔教育提供的虚拟现实行业知识与规范,值此图书出版之际,向他们表示衷心的感谢。

由于时间仓促,加之作者水平有限,书中难免存在错误和不妥之处,敬请广大读者批评指正,编者不胜感激。

编者

2018 年 6 月

目　　录

第1章
虚拟现实（VR）设计概述

VR 设计在整个 VR 作品当中处于一个非常重要的地位，因为所有作品都需要经过设计，而设计就要满足人的各方面需求。设计师在设计作品的过程当中，通常会遇到非常多的干扰，比如适用对象的喜好、人们的基本心理需求、如何使用起来更为便捷和舒适等，都是设计师需要解决的问题。本教材的目的就是将设计过程中遇到的相关问题进行理论化的总结，为设计提供一种有效的方式，给大家的设计增添一些有效性的思路和方法。本章所述的设计相关内容都是以 VR 设计为基础进行展开的，而所述的设计的基本概述特指 VR 设计相关概述。

1.1 VR 设计的本质

VR 设计究竟是什么？一般可以从设计是为什么而存在、是怎样的一种存在，以及如何更好地存在而展开剖析。

首先，设计是人类有目的性的审美活动。人们在进行某一种带有目的性和预见性的创造活动时，会通过设计进行自觉的行为。它是人们生活中不可或缺的一个部分，是为了实现更美好更舒适的生活而存在的。

其次，设计同时是一种问题求解的活动。设计的全过程便是解决一个个的问题。解决问题的方法便是设计的重点，也是本教材需要解决和探寻的重点内容。

再次，设计还是一种智能文化创造形态。它能够将特定的文化背景融入到设计当中，同时具有特殊文化素质的人还能决定各种设计成果的产生。这样的一个过程可以孕育出具有文化特色的创造性产品。

最后，设计是人的思想与心灵感受的现实体现。设计师善于把自己的想象赋予作品之中，让作品拥有设计师的灵魂。设计是人们对于世界的想象，即使是描绘现实中的事物也会加上想象的改造与变形。

1.1.1 设计的定义

将世界上有影响的艺术理论家、著名设计师对设计一词的定义搜集起来，多得数不胜数。国内最早的现在被评为国家精品教材的何人可编著的《工业设计史》，在开篇就引用了十多种关于设计的定义：

1．设计是"一种针对目标的问题求解活动"（阿切尔《设计者运用的系统方法》，1965 年）。

2．设计是"将人为环境符合人类、社会心理、生理需求的过程"。

3．设计是"从现存事物转向未来可能的一种想象跃迁"（佩齐《给人用的建筑》，1968 年）。

4．设计是"一种创造性活动——创造前所未有的、新颖而有益的东西"（李斯威克《工程设计简介》，1965 年）。

5．设计是"一种构思与计划，以及把这种构思与计划通过一定手段视觉化的活动过程"。

6．设计是"建立在一定生存方式上的造型计划"。

7．设计是"使人造物产生变化的活动"。

8．设计是"一种社会——文化活动。一方面，设计是创造性的，类似于艺术的活动；另一方面，它又是理性的、类似条理性科学的活动"。

9．设计是"一种约定俗成的活动，是在规定和创造将来"。

10．设计是"完成委托人的要求、目标，获得设计师与用户均能满意的结果"。

11．设计是"一种研讨生活的途径"。

12．设计是"综合社会的、经济的、技术的、心理的、生理的、人类学的、艺术的各种形态的特殊的美学活动及其产品"。

13．设计是"通过分析、创造和综合，达到满足某些特定功能系统的一种活动过程"。

14．设计是"一连串的判断与决定，就和说话走路一样自然，也和空气一般无所不在。设计给人类生活意义与快乐，并直接冲击着个人与环境"（美国国立建筑博物馆《Why Design？》）。

15．设计是"在特定情形下，向真正的总体需要提供的最佳解答"（马切特《创造性工作中的思维控制》）。

16．设计"作为一种专业活动，反映了委托人和用户所期望的东西；它是这样一个过程，通过它便决定了某种有限而称心的状态变化，以及把这些变化置于控制之中的手段"（雅克斯《设计、科学、方法》）。

鉴于以上这些定义，我们可以看出设计对人们生活的影响是很大的，没有设计，我们的生活便会少了许多美好。而现在较为火热的 VR 设计，是帮助人们获取更加美好生活的一个渠道，是当下人们争相探索与研究的一大热点。

VR 设计最大的一个特点是交互性强。交互设计是指设计人和产品或服务互动的一种机制，以用户体验为基础进行的人机交互设计。在设计过程中要考虑用户的背景、使用经验以及在操作过程中的感受，从而设计符合最终用户的产品，使最终用户在使用产品时愉悦、符合自己的逻辑、高效使用产品并且有效完成任务。

1.1.2　设计的核心

现代竞争市场的设计创意是以"人"的需求为出发点、以人的"心里需求"满足为设计的最终诉求。市场需求是推动价值形成的原动力，而设计创意则是创造了观念价值，促进了新的需求，完善了价值系统，构筑全景的产业链，突出了设计创意的价值与作用。同时，设计创意被进一步提升到国家战略层面。新兴的设计创意的生产方式在发达国家经济中所占的比重已达到 8%～12%。在英国、美国、澳大利亚、韩国、丹麦和新加坡等国家和地区，这种以设计创意为主的方式已经形成各自的特色，并且产生了巨大的经济效益。由此可见，设计在当下时代中所占的比重是相当大的。

VR 设计中有两条逻辑线需要把控，横向不易范围过宽，过宽易使用户感觉到复杂，找不到自己想要的东西；纵向设计不易内容过多，战线过长易使人产生焦躁感，同样会影响体验感受。总体来说，设计的核心便是"以人为本"。人的情感、文化精神需求、视觉、听觉、触觉、嗅觉、味觉等，都将渗透到设计当中去，给 VR 设计赋予灵魂和生命力。

1.2 VR 设计的目的和意义

我们做每一件事情的时候通常是有一定目的的，这种目的可以是近期的也可以是长远的，在这样的动力驱使下，人们所创造的活动或者作品通常也会具有一定的意义。我们将以这样一种思路探索 VR 设计的目的和意义。

1.2.1 设计的目的

前面知识点中有提到，VR 设计的最大特点是交互性强，那么如何将交互系统或者交互软件设计得较为便捷易用，既能让客户对产品产生依赖，还能让客户使用产品之后觉得愉悦舒适呢？VR 设计一般能帮助人们达成下述几个目的：

一是 VR 设计利用先进的科技手段和技术帮助人们看到现实社会中看不到的新事物和另类世界。比如电影阿凡达，如图 1.1 所示。

图 1.1　阿凡达电影海报

二是 VR 设计可以帮助人们更为便捷地体验生活。比如无人汽车，如图 1.2 所示。

图 1.2　无人汽车

三是 VR 设计可以帮助人们更为舒适愉悦地享受生活。比如 VR 游戏，如图 1.3 所示。

图 1.3　VR 游戏

四是 VR 设计可以帮助人们更为有效地学习新事物。比如 VR 医疗教学，如图 1.4 所示。

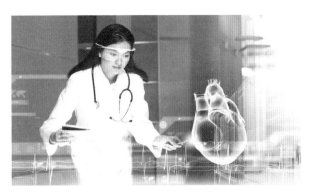

图 1.4　VR 医疗教学

1.2.2　设计的意义

VR 技术可以使人与信息管理环境的关系变得比以往更为密切与和谐，它还能使由它构成的计算机软硬件环境变得比以往更为强大与灵巧。

（1）VR 技术在医学方面的应用具有十分重要的现实意义。该技术可用于解剖教学、复杂手术过程的规划，在手术过程中提供可操作和信息上的辅助，预测手术结果等。

（2）VR 技术在娱乐方面的应用具有重要的现实意义。由于在娱乐方面对 VR 的真实感要求不是太高，故近些年来 VR 技术在该方面发展最为迅猛。丰富的感觉能力与 3D 显示环境使得 VR 技术成为理想的视频游戏的开发工具。

（3）VR 技术在航天领域的应用具有重要的现实意义。例如，失重是航天飞行中必须克服的困难，因为在失重情况下对物体的运动难以预测。为了在太空中进行精确地操作，需要对宇航员进行长时间的失重仿真训练。为了逼真地模拟太空中的情景，美国国家航空航天局（NASA）在"哈勃太空望远镜的修复和维护"计划中采用了 VR 仿真训练技术。

除了以上领域以外，VR 技术还在艺术、军事等领域具有一定的现实意义，这些还有待人们进行挖掘和研究。

1.3　VR 设计的起源与发展

在人类几千年的发展史中，人类通过自己的劳动改造世界，让物质财富和精神财富并存，而最基础的创造活动是造物，设计便是造物的过程。从这个意义上来说，自有意识地制造和使用原始的工具和装饰品开始，人类的设计文明便开始萌发了。

包豪斯学院作为第一所完全为发展现代设计教育而建立的学院，使设计成为一门学科，设计教育从这里诞生并发展成体系化，这对现代设计的发展举足轻重。人们直面工业化大生产汹涌而来的现实，包豪斯学院在现代设计中将实用作为美学的主要内容，将功能作为设计追求的目标，是后来新技术美学的开端，使现代主义设计最终形成。包豪斯学院把设计一向流于"创作外型"的教育重心转移到"解决问题"上去，因而使设计第一次摆脱了玩于形式的弊病,走向真正提供方便、实用、经济、美观的设计体系。

总地来说,一切设计的产生,最初的原因都是当时社会背景下的生产条件已满足不了人们的需求。VR 设计的产生便是当下人们需求催生出来的产物,结合高新技术的快速发展,VR 设计的发展相当迅速。

1.3.1 设计的起源

VR 是"Virtual Reality"的缩写,中文的意思就是虚拟现实。这一概念是在 20 世纪 80 年代初提出来的,其具体是指借助计算机及最新传感器技术创造的一种崭新的人机交互手段。虚拟现实技术可以帮助人们获取一个集视觉、听觉、触觉及其他感官模拟的虚拟环境,通过设备可以使人产生身临其境的感受与体验。

1.3.2 设计的发展

虚拟现实技术发展演变至今,一共经历了五个阶段:

第一阶段是 1963 年以前,莫顿•海利希先后研制出"Sensorama Simulator(全传感仿真器)"和"Telesphere Mask(个人用途的可伸缩电视设备)",由此揭开了虚拟现实的帷幕。如图 1.5 和图 1.6 所示。

第二阶段是 1963 年至 1972 年期间,伊凡•苏泽兰研发出第一台 VR 原型设备——头戴式立体显示器和头部位置跟踪系统。此阶段为虚拟现实概念的产生和理论初步形成奠定了一定基础。如图 1.7 所示。

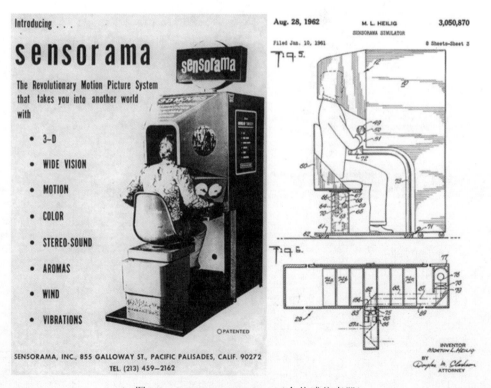

图 1.5　Sensorama Simulator(全传感仿真器)

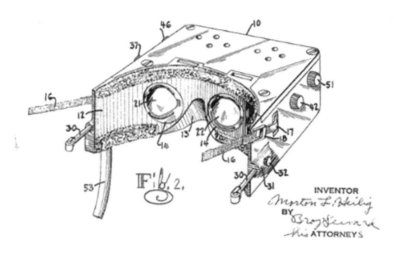

图 1.6　Telesphere Mask（个人用途的可伸缩电视设备）

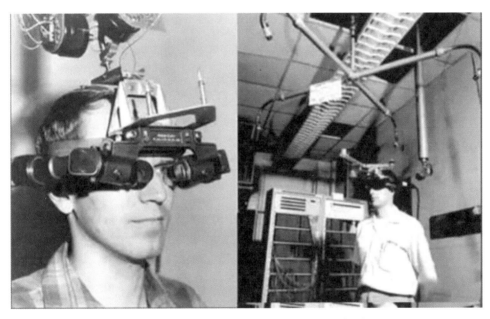

图 1.7　伊凡·苏泽兰研发出第一台 VR 原型设备

　　第三阶段是 1973 年至 1989 年期间，迈伦·克鲁格提出的"Virtual Reality"概念由小说逐渐扩散至电影行业，这一时期出现了两个比较典型的虚拟现实系统"Videoplace"和"View"，"Videoplace"系统可以虚拟出一个环境，将人的图像投影在一个屏幕上，能帮助计算机产生的效果和参与者实现实时互动；"View"系统配合数据手套、跟踪器等设备，可以让参与者有真实的体验效果，此系统是虚拟现实系统的主要雏形。1978 年埃里克·豪利特发明了一种超广视角的立体镜呈现系统（Leep 系统），这一系统最大的特点在于可以把二维图片转换为三维效果，即当视角不断被扩大时所发生的镜头变形可以通过此系统得到一定的矫正。随着 VR 领域的不断扩大，它慢慢被世人所知晓。在宇航员

训练中也会用到虚拟仿真系统。当然,最为广泛的应用是在 3D 游戏行业,为了达到立体的视觉效果,3D 眼镜被开发出来。1984 年时,杰伦·拉尼尔创造的 VPL 公司,是第一家以虚拟现实产品为主的公司,并且将虚拟现实产品推广给大众,被人们所认可。即使现在来看,这家公司对虚拟现实行业的发展都有非常重要的现实意义。此阶段虚拟现实概念和理论已经初步形成。

第四阶段是 1990 年至 2004 年期间,VR 电影蔓延开来,代表作品有《割草者》、《黑客帝国》。波音 777 在设计上也采用了虚拟现实技术,这样可以减少零件的损失,也使得设计过程变得不再那么复杂。在这一阶段,VR 游戏和设备都在不断地进步,其中 VR 设备 "SEOS HMD 120/40 的视角可以达到 120 度,重量只有 1.13kg,较以前的设备有了明显的进步。但是总体来看,此阶段的 VR 产品由于各种原因未能得到大力推广和延续,还是不够成熟和完善。

第五阶段是 2004 年至今,这一阶段是 VR 大力发展的阶段,VR 设备方面出现了新的产品,比如 Sensics 公司 2008 年推出的具有 150 度广角的显示设备 piSight,它较以前的设备又有了进一步改进。而众所周知的索尼公司 2012 年发布的 3D 头盔显示器,将 VR 推广到电影行业,且运用于日常生活当中。与此同时,帕尔默·洛基把 "Oculus Rift" 送入大家的眼帘,并且大胆使用众筹平台,一个月便收获了两百多万美元的众筹资金。随着技术的改进,VR 也在不断地发展和进步。这一阶段的虚拟现实产业已然逐步发展成型,成为人们生活中的常见产品了。现在市场上所展示的 VR 产品,除了 Oculus 以外,常见的还有谷歌推出的 Cardbord、三星的 Gear VR、HTC 与 Valve 合作开发的 HTC Vive。

总地来说,VR 发展至今才初露锋芒,但是前景不可估量。凭借其多样性和可改造性强的特点,今后可以运用到各个具有特色的行业当中。比如游戏、教育、房地产、影视娱乐、医疗等。我们相信,在未来的现实生活当中,VR 产业一定能给大家带来全新的体验与感受。

本章小结

本章内容作为本书的开端,首先要探寻 VR 设计是什么,本章内容围绕 VR 设计的定义、核心、目的和意义、起源与发展展开。

VR 设计与其他艺术设计类似,都是人类有目的性的审美活动,是一种问题求解的活动,是一种智能文化创造形态,是人的思想与心灵感受的现实体现。VR 设计最大的一个特点便是交互性强。交互设计是指设计人与产品或服务互动的一种机制,以用户体验为基础进行的人机交互设计。在设计过程中要考虑用户的背景、使用经验以及在操作过程中的感受,从而设计出符合最终用户需求的产品。使最终用户在使用产品时心情愉悦,产品符合用户的思维逻辑,并可使用户高效地使用产品且有效地完成任务。由此可知,VR 设计的核心便是 "以人为本"。

VR 技术可以使人与信息管理环境的关系变得比以往更为密切与和谐,它还能使由它构成的计算机软硬件环境变得比以往更为强大与灵巧。VR技术在医学、娱乐、航天、艺术、军事等领域都具有重要的现实意义，在这些领域的深入应用都有待人们进行挖掘和研究。

VR技术发展演变至今，一共经历了五个阶段。从最初的理论概念萌芽到现在初露锋芒，整个过程发展迅速。凭借其多样性和可改造性强的特点，VR技术今后可以运用到各个具有特色的行业。

第2章
设计分类

在几年前的设计分类当中，设计行业主要分为：工业设计、机械设计、环境设计、建筑设计、室内设计、服装设计、网站设计、平面设计、影视动画设计等几个大类，VR设计作为新技术近几年越来越受到重视。本章将分别介绍各类设计，帮助读者进一步了解设计。

2.1 视觉传达设计

视觉传达设计（Visual Communication Design）是指利用视觉符号来传递各种信息的设计。设计师是信息的发送者，传达对象是信息的接受者。视觉传达设计这一术语流行于1960年在日本东京举行的世界设计大会，其内容包括：报刊杂志、招贴海报及其他印刷宣传物的设计，电影、电视、电子广告牌等传播媒体。他们将把有关内容传达给眼睛从而进行造型的表现性设计统称为视觉传达设计。简而言之，视觉传达设计是"给人看的设计，告知的设计"——（日本《ザイン辞典》）。

视觉传达设计是为现代商业服务的艺术，主要包括标识设计、广告设计、包装设计、店内外环境设计、企业形象设计、插图设计、书籍装帧设计等方面。由于这些设计都是通过视觉形象传达给消费者的，因此称为"视觉传达设计"。它起着沟通企业－商品－消费者的桥梁作用。视觉传达设计是主要以文字、图形、色彩为基本要素的艺术创作，在精神文化领域以其独特的艺术魅力影响着人们的感情和观念，在人们的日常生活中起着十分重要的作用。

2.1.1 字体设计

字体设计是平面设计基础教学中一个很重要的环节。从临摹默写入手，掌握汉字与拉丁字母绘写规律，重点训练学生的变体字、变体组合、汉字再创意的字体设计，并能掌握字体设计实践应用能力。在进行字体设计的时候，第一，我们需要了解掌握字体设计的基本规律；第二，需要掌握汉字的宋体字与黑体字和外文字体中的罗马体等字体，它们是掌握字体表现的基础；第三，我们需要掌握变体字、变体组合的表现规律，培养具有表现和创意的能力；第四，通过字体设计训练，要学会根据文字所传达的内容，设计出创意新颖、风格独特、造型美观的字体；第五，也是最关键的一点，希望大家通过训练能够较为熟练地掌握字体变化统一的规律和方法，以适应平面设计工作的需要。

（1）字体设计基本概念

字体设计意为对文字按视觉设计规律加以整体的精心安排。字体设计是人类生产与实践的产物，是随着人类文明发展而逐步成熟的。字体设计首先必须对文字的历史和演变有一定了解。当今世界文字体系的两大板块结构：代表华夏文化的汉字体系和象征西方文明的拉丁字母文字体系。汉字和拉丁字母文字都起源于图形符号，各自都是经过几千年演变最终形成各具特色的文字体系。汉字仍然保留了象形文字图画的感觉，字形外观整体为方形，而在笔画变化上呈现出无穷含义。每个独立汉字都有各自的含义，在这点上和拉丁字母文字截然不同。因而在汉字字体设计上更重于形意结合。拉丁字母文字是由26个简单字母组成的完整语言体系，这些字母本身没有含义，必须以字母组合构成词来表述词义。其字母外形各异、富于变化，在字体整体设计上有很好的优势。

（2）汉字字体发展历史

汉字是在约公元前14世纪的殷商后期产生的，这时形成了初步的定型文字，即甲骨文。甲骨文既是象形文字又是表音字，至今汉字中仍有一些和图画一样的象形文字，十分生动。随着时间的推移，产生了大篆、小篆、隶书、楷书、行书、草书等字体。

大篆在发展过程中产生了两个特点：一是线条化，早期粗细不匀的线条变得均匀柔和了，它们随实物画出的线条十分简练生动；二是规范化，字形结构趋向整齐，逐渐离开了图的原形，奠定了方块字的基础。

小篆是对大篆加以去繁就简。小篆除了把大篆形体简化之外，还把线条化和规范化达到了完善的程度，几乎完全脱离图画文字，成为整齐和谐、十分美观的基本上是长方形的方块字体。小篆的线条用笔书写起来是很不方便的，所以几乎在同时也产生了形体向两边撑开的扁方形的隶书。

至汉代，隶书发展到了成熟阶段，汉字的易读性和书写速度都大大提高。隶书之后又演变为章草，至唐朝有了抒发书者胸臆，寄情于笔端表现狂草。随后，揉和隶书和草书而自成楷书（真书）在唐朝开始盛行。我们今天用的印刷体是由楷书变化而来。介于楷书和草书之间的是行书，书写流畅，用笔灵活，是汉代刘德升所制，行书现在仍是我们日常书写所习惯使用的字体。隶书静中有动，富有装饰性；草书风驰电掣、结构紧凑；楷书工整秀丽；行书易识好写、实用性强，且风格多样、个性各异。

（3）拉丁字体发展历史

拉丁字母起源于图画，它的祖先是复杂的埃及象形字。大约6000年前在古埃及西奈半岛产生了每个单词有一个图画的象形文字。最后罗马字母继承了希腊字母的一个变种，并把它拉近到今天的拉丁字母，从这里开始了拉丁字母历史上有现实意义的第一页。

当时的腓尼基亚人对祖先30个符号加以归纳整理，将其合并为22个简略形体。后来，它们传到爱琴海岸，被希腊人所利用。公元前一世纪，改变了希腊字体，采用了拉丁人的23个字母。最后，古罗马帝国为了控制欧洲，也为了适应欧洲各民族的语言需要，由I派生出J，由V派生出U和W，遂完成了26个拉丁字母，形成了完整的拉丁文字系统。公元1世纪到2世纪是罗马字母最重要的时代。此时罗马字母的特征是字脚的形状与纪念柱的柱头相似，与柱身十分和谐，字母宽窄比例适当美观，构成了罗马大写体完美的

整体样貌。

在早期拉丁字母体系中并没有小写字母，公元 4 世纪至 7 世纪的安塞尔字体和小安塞尔字体是小写字母形成的过渡字体。公元 8 世纪，产生了卡罗琳小写字体，当时在欧洲广为流传，对欧洲文字发展起了决定性影响，形成了自己的黄金时代。

15 世纪是欧洲文化发展极为重要的时期，在这一时期德国人古腾堡发明了铅活字印刷术，对拉丁字母形体发展起了极为重要的影响。推动了拉丁字母体系的发展与完善。卡罗琳小写字体经过不断改进，成为这一时期字体风格创造最为繁盛的时期。

18 世纪法国大革命和启蒙运动以后，产生了古典主义的艺术风格。工整笔直线条代替了圆弧形字脚，法国这种审美观点影响了整个欧洲。法国最著名的字体是迪多的同名字体。在意大利，享有"印刷者之王"和"王之印刷者"称号的波多尼的同名字体和迪多同样有强烈的粗细线条对比，但在易读性与和谐性上达到了更高的造诣，因此今天仍被各国重视和广泛地应用着。它和加拉蒙、卡思龙都是属于拉丁字母中最著名的字体。

（4）现代字体设计的发展

文字发展的历史也是文字设计的历史。在文字结构定型以后，文字设计开始以基本字体为依据，采用多样的视觉表现手法来创新文字的形式，以体现不同时期的文化、经济特征。印刷技术的发明和欧洲文艺复兴，极大地推动了文字设计在技术与观念上的改进，人们开始讲究艺术效果与科学技术的结合，出现了一种符合人们视觉规律的数比法则与强调色彩、形态、调子及质感的设计字体。印刷技术的发展加速了文字设计的多样化，由英国人发明的黑体字在字体的形、比例、量感和装饰上做了新的探索。各种符合时代特征的流行字体大量产生。

现代字体设计理论的确立，则得益于 19 世纪 30 年代在英国产生的工艺美术运动和 20 世纪初具有国际性的新美术运动，它们在艺术和设计领域的革命意义深远。现代建筑、工业设计、图形设计、超现实主义及抽象主义艺术都受到其基本观点和理论的影响。"装饰、结构和功能的整体性"是其强调的设计基本原理。19 世纪末 20 世纪初，源自欧洲的工业革命在各国引发了此起彼伏的设计运动，推动着平面设计的发展，同时也促使字体设计在很短的二三十年间发生了许多重大的发展和变化。工艺美术运动和新艺术运动都是当时非常有影响力的艺术运动。它们在设计风格上都十分强调装饰性，而这一时期字体设计的主要形式特点也体现在这个方面。

20 世纪 20 年代在德国、俄国和荷兰等国家兴起的现代主义设计浪潮，提出了新字体设计的口号。其主张是：字体是由功能需求来决定其形式的，字体设计的目的是传播，而传播必须以最简洁、最精练、最有渗透力的形式进行。

20 世纪 50 年代到 60 年代，现代主义在全世界产生了重大的影响，以国际字体为基础字体的设计更加精致细腻。随着照像排版技术的发展，字体的组合结构产生了新的格局。它们的一个共同特点是反对现代主义设计过分单一的风格，力图寻找新的设计表现语言和方式。

我国的文字设计源远流长，有着十分久远的历史。有学者认为，它的产生可推溯到商代及周初青铜器铭文中的图形文字，至今已有 3500 多年的历史。

汉字的构成形式决定了它是一种有巨大生命力和感染力的设计元素,有着其它设计元素、设计方式所不可替代的设计效应,具有强大的说服力与感染力。作为高度符号、色彩的视觉元素,汉字越来越成为一种有效的信息传达手段。

新的文字设计发展潮流中有几种引人注目的倾向。一是对手工艺时代字体设计和制作风格的回归;二是对各种历史上曾经流行过的设计风格的改造。

20世纪80年代以来,计算机技术不断完善,在设计领域逐步成为主要的表现与制作工具。利用电脑的各种图形处理功能,将字体的边缘、肌理进行种种处理,使之产生一些全新的视觉效果。最后是运用各种方法,将字体进行组合,使字体在图形化方面走上了新的途径。

(5)字体设计的基本原则

字体设计的基本原则有以下几点:

一是表达内容要准确。在对字体进行创意设计时,我们首先要对文字所表达的内容进行准确的理解,然后选择最恰如其分的形式进行艺术处理与表现。如果对文字内容不了解或选择了不准确的表现手法,不但会使创意字体的审美价值大打折扣,还会给企业或者个人造成经济或精神损失。

二是视觉上要易识别。所有的字体创意设计都必须是能够容易阅读的,能快捷、准确、艺术地传达信息。让人们费解的文字,即使具有再优秀的构思、再富于美感的表现,无疑也是失败的。

三是要具有一定的美感。现在人们的物质生活水平都已经提高了许多,大家都具有了一定的审美意识,所以在进行设计的时候一定要考虑到视觉美感。

四是要具有独特性。在进行字体设计的时候,要避免和已有的设计重复,注重结合设计主题,突出字体设计的个性色彩,创造与众不同的独具特色的字体,给人以别开生面的视觉感受。

(6)字体设计的基本方法

① 抓住笔划形状变化,可以将笔划加粗、变细、变形、装饰等。在对字体的笔划进行设计时,主要是指点、撇、捺、挑、钩等副笔的变化。在字体中的主笔划一般变化较少,用以确保字体的辨识度。此外整体变化风格需要统一,尽可能打破常规的横平竖直,朝着发散性思维去创造,这样便于产生新的字体形态。如中国元素字体设计(见图2.1),将笔划与中国窗棂形态相结合进行的字体设计,独具中国特色。

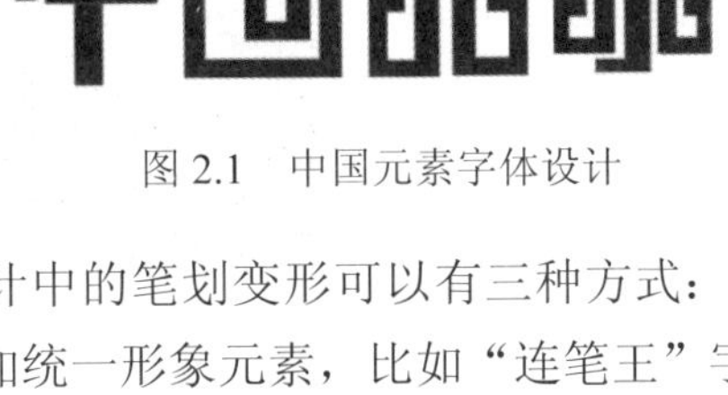

图2.1 中国元素字体设计

一般情况下,字体设计中的笔划变形可以有三种方式:一是运用统一的形态元素,在每个字的某一笔划中添加统一形象元素,比如"连笔王"字体设计,如图2.2所示。二

是拉长或者缩短、加粗、变细字体的笔划。比如"风"字体设计，如图 2.3 所示。三是在统一形态元素中加入另类不同的形态元素。比如"直通车"字体设计，将汉字与英文相结合，如图 2.4 所示。

图 2.2　"连笔王"字体设计

图 2.3　"风"字体设计　　　　　　图 2.4　"直通车"字体设计

　　② 笔划共用。分析笔划之间的内在联系，借助笔划与笔划之间的同样笔划或者将中文字体、拉丁字母间存在的共性加以巧妙的组合，形成新的视觉字体。在共用笔划的过程当中，可以根据文字的大小、繁简、长短、曲直等进行改变，寻找最合适的设计方式。比如"地下室"字体设计（图 2.5）、"糖葫芦"字体设计（图 2.6）、"音乐"字体设计（图 2.7）。

图 2.5　"地下室"字体设计

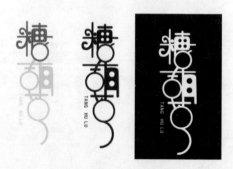

图 2.6　"糖葫芦"字体设计

图 2.7　"音乐"字体设计

③ 笔划连接。这一方法与方法②有些相似，不同点在于笔划连接除了笔划共用之外，更多的在于使用笔划将整个字体设计贯穿起来，形成一个统一体。图 2.5 和图 2.6 在设计方法上就是采用了笔划共用和笔划连接两种办法，让字体设计形成一个整体。在笔划连接这一部分，除了连笔设计以外，还有一种是断笔设计，将文字笔划采取剪切、移植、分解或者呈现缺口等方法，使其产生断裂、破碎、虫蛀、粗犷等感觉，能够给人明显的视觉冲击与震撼。比如冯小刚导演的电影作品"唐山大地震"的海报设计，将部分笔划断开，给人一种四分五裂的感觉，如图 2.8 所示。

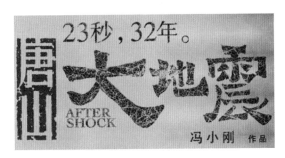

图 2.8　"唐山大地震"海报设计

④ 折带设计手法。通俗地说，此方法就是将一些斜线、转折笔划处进行折带的设计，效果将会比较丰富。可以将里层与外层的效果区分开来，形成层次感。比如"磁带录像"字体设计，笔划翻卷之后，给人一种胶卷滚动的感觉，如图 2.9 所示。

图 2.9　"磁带录像"字体设计

⑤ 字体交错、重叠的设计方式。字体之间的交错重叠所产生的视觉内涵，既可增强层次感，同时又能耐人寻味。如"YSL"字体设计、"LV"字体设计，如图 2.10 和 2.11 所示。

图 2.10　"YSL"字体设计

图 2.11　"LV"字体设计

⑥ 字体图案填充方法。抓住字体的外轮廓，在其内部使用颜色或者图案填充，增强视觉冲击力，如图 2.12 所示。

图 2.12　图案填充字体设计

⑦ 线条设计方法。比如"IBM"字体设计，如图 2.13 所示。

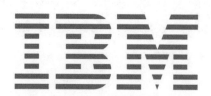

图 2.13　"IBM"字体设计

除了以上这些设计方法，还有错位设计（图 2.14）、实心设计（图 2.15）、背景设计（图 2.16）、外形设计（图 2.17）、立体设计（图 2.18）、色彩设计（图 2.19）、综合运用等多种方法。只要恰当运用这些方法，便能设计出美观的字体。在 VR 设计当中，字体设计可以用到界面排版、模块设计等方面的技能，如果能够掌握字体设计的基本方法，那么在 VR 设计当中便可以很好地把握界面设计。

图 2.14　错位设计

图 2.15 实心设计

图 2.16 背景设计

图 2.17 外形设计

图 2.18 立体设计

图 2.19 色彩设计

2.1.2 标识设计

标识设计是一种标识系统规划。设计时首先要规范设计用语，用语的标准化能在工程的进程中使施工方和设计方保持良好的沟通。

（1）标识设计的基本概念

标识是为了达到某种视觉效果的一种板式标配，旨在简单易懂，能清晰地传达指引信息。其意义如下：第一，标识具有标记、警示的作用，标识主要是通过视觉来表现它的作用。第二，标识是一种信息传达媒体，它具有广告、警示的功能。

（2）标识设计的发展现状

标识作为人类直观联系的特殊方式，不但在社会活动与生产活动中无处不在，而且对于国家、社会集团乃至个人的根本利益，越来越显示其极重要的独特功用。随着人们对高品质休闲生活的需求与日俱增，各种类型的高档住宅区、顶级写字楼、商业中心、星级酒店和度假村对标识系统的需求层次也在提高。同时随着国际交往的日益频繁，标识的直观、形象、没有语言文字障碍等特性极其有利于国际间的交流与应用，因此国际化标识得以迅速地推广和发展，成为人类共通的一种直观联系工具。环境景观标识作为整体环境中重要的一部分，在欧美发达国家已经被广为研究，但在国内却刚刚开始真正意识到它的重要性。中国的环境景观继续采用具有特色的标识系统设计，标识设计是人类社会经济快速发展，城市化建设不断提高的必然要求，是人类文明进步的标识。

（3）标识设计的基本原则

标识设计的基本原则有以下几点：

一是快速识别性。在现代信息繁杂的社会，识别性是标识最基本的功能。

二是原创性和独特性。标识体现的是标识拥有者的理念和与众不同的特征，原创、不抄袭，独特、不雷同，是标识设计的最基本要求。标识不仅要在其背景环境中凸显与其他的标识有所不同，而且还要与竞争者之间保持明显区别，以便确立自己的独特形象。

三是易读易记。标识不仅要被快速识别，而且其含义还要容易被理解，并且能被记住。

四是可联想。标识本身直接展现的内容是非常有限的，为了快速阅读，要使标识表达的内涵更为丰富，其直观的图形必须可使人产生许多联想，尤其是美好的联想。

（4）标识设计的基本方法

① 对比的方法。对比是通过各异的形与形之间的相互衬托，突出整体中各局部的差异，使各局部固有的个性更加强烈，现象更为独特，如图2.20和图2.21所示。

图2.20 "顺丰速运"标识

图2.21 "M元素"黑白对比

a．形状对比：例如几何形与随意形、具象形与抽象形、简单形与复杂形互相并列，以便加强形状的视觉感受，如图 2.22 所示。

图 2.22 商业立体标识

b．方向对比：主要表现进出、正反、上下、交流、集中、分散、速度等关系，如图 2.23 所示。

图 2.23 "安全出口"标识

c．明暗对比：主要表现受光及背光的反射效果。标识明暗对比的实质是黑白两种极色的对比，色彩表现也应在明暗度上有很大反差，形成很强的视觉吸引力，如图 2.24 和图 2.25 所示。

图 2.24 "鹰"元素的标识（1）

图 2.25 "鹰"元素的标识（2）

d. 面积对比：主要是大与小的对比，大的形象要有一定的力度感，小的形象应有一种吸引人的向心力，如图 2.26 和图 2.27 所示。

图 2.26 "山"元素的标识（1）

图 2.27 "山"元素的标识（2）

e. 突变：指图形在某一位置突破整体的构图规律，利用特殊形象引人注目。比如位置突变、形状突变、肌理突变、点和线的突变，如图 2.28 所示。

图 2.28 "绿色能源"标识

② 调和的方法。调和与对比相反，通过一定的艺术手法使彼此相互对比的各部分有机结合，使对立面趋于一致，在变化中求得统一。

a. 对称：例如倾斜对称、左右对称、旋转对称、放射对称、错位对称等变化效果，如图 2.29 所示。

图 2.29 "摩托罗拉"标识

b. 适合：依靠形与形之间的互相适应来获得调和的效果。适合有形状、色彩、质感的图形，如图 2.30 所示。

图 2.30 "面包"元素的标识

c. 重复：指一个基本图形反复出现，形成强烈的规律性和统一感，如图 2.31 所示。

图 2.31 "人物"元素的标识

③ 节奏的方法。节奏是有规律的重复、延续或者交替变化，是图形在其长短、大小、粗细、方位方面体现出的一种韵律美。

a. 渐变：是基本图形的依次递减或递增，或从一个基本图形自然过渡到另一个基本图形，如图 2.32 所示。

图 2.32 "山"元素的标识

b. 发射：形象在视觉上有光芒感和眩目感，通过多组线向心或离心的组合以获得明显的间隔和交替的效果，产生强烈的节奏，如图 2.33 所示。

图 2.33 "线条"元素的标识

c．动感：动感是由动势产生的，会产生明显的韵味和连续性，如图 2.34 所示。

图 2.34　"运动"元素的标识

d．起伏：以起伏求节奏，起伏是将粗细、大小、高低等元素进行音乐旋律般排列，形与形高低起伏、前后连贯，产生视觉上的节奏感，如图 2.35 所示。

图 2.35　"曲线"元素的标识

④ 均衡的方法。均衡是对称的一种变化，是标识设计获得平衡的主要手法。要点是掌握重心。

a．对称和非对称均衡：均衡的基本形式主要有两种，一种是对称均衡。在对称均衡中以对称轴为界，对称轴的两边同形同量，对称轴可以水平、垂直、倾斜或旋转布置。对称均衡具有节奏和意匠美，图形端正、庄重、规律性强，如图 2.36 所示。另一种是非对称均衡。比如众所周知的"耐克"LOGO，以"勾形"加字母的设计，创办了一个开元盛世，其含义远不止表面看起来那么简单。其中包含了胜利女神的传说以及赋予了耐克品牌"胜利女神羽毛与速度"的深刻含义。不得不说，标识设计无论是对称或不对称，均可以从中找到适合品牌的设计图像。

b．力学和视觉均衡：相对静止的物体都遵循"力学均衡"原理，以稳定的状态存在于大自然中。由于物体各部分之间力的均衡关系，从而使人产生了"视觉均衡"心理。由于视觉均衡是人们在长期的力学均衡体验中形成的，所以二者并不是毫不相干的两个概念，它们既有区别又有联系，如图 2.37 所示。

图 2.36 "M"元素的标识

图 2.37 "工具"元素的标识

⑤ 变化的方法。

a．变异：本指同种生物世代之间或同代不同个体之间的性状差异，但是在自然界中，变异现象是不乏其例的，将变异运用到设计中便可形成多种造型，如图 2.38 所示。

图 2.38 "R"元素的标识

b．正负形：任何一个形状的出现，其周围都会产生与它相应的外形，也就是正形和负形，如图 2.39 所示。

图 2.39　"鲸鱼"元素的标识

c．共用形：与正负形概念相似，但是不同点在于公用同一个物体或者形状，如图 2.40 所示。

图 2.40　"酒瓶、字母"元素的标识

⑥ 矛盾空间的方法：利用矛盾空间的立体构成，在二维空间表现三维空间。结合透视的原理，借助视觉的幻觉产生标识的立体感。也就是在同一图形中表现多种空间，如图 2.41 所示。

图 2.41　矛盾空间标识

⑦ 光效应方法：以波浪线、平行线、发射线、圆弧线、不同的点等表现闪动、扭动、流动、飘动、明暗、线条的疏密变化等，取得动感或光感的变化，如图 2.42 所示。

图 2.42 "光"元素的标识

2.1.3 书籍装帧设计

书籍装帧设计体现了设计师对书籍内容的领悟，是经过精心周密的策划，有条理、有秩序地捕捉书籍的内涵要素，并以实现商品市场的需求为目标，辅助具体构想，最终构建出的书籍作品。总之，书籍装帧设计是一门将商业行为与精神产品融为一体的综合性造型艺术。

（1）书籍装帧设计的基本概念

书籍装帧设计是指从书籍文稿到成书出版的整个设计过程，也是完成从书籍形式的平面化到立体化的过程。它包含了艺术思维、构思创意和技术手法的系统设计。包括书籍的开本、装帧形式、封面、腰封、字体、版面、色彩、插图，以及纸张材料、印刷、装订及工艺等各个环节的艺术设计。在书籍装帧设计中，只有完成整体设计才能称之为装帧设计，只完成封面或版式等部分设计的只能称作封面设计或版式设计等。

（2）书籍装帧设计的发展历史

书籍装帧设计的历史发展大概经历了以下几个阶段：

① 卷轴装（见图 2.43），出现于六朝，广布于隋唐，卷是用帛或纸做的。在唐代以前，纸本书的最初形式仍然是沿袭帛书的卷轴装，它有四个主要部分：卷、轴、褾、带。

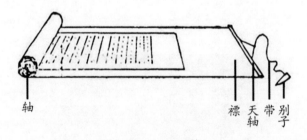

轴　　　　　　　　　　　　褾 天 带 别
　　　　　　　　　　　　　　 轴　　 子

图 2.43 卷轴装

② 经折装（见图 2.44），是在卷轴装的形式上改造而来的。随着社会的发展和人们对阅读书籍的需求增多，卷轴装的许多弊端逐步暴露出来，已经不能适应新的需求。譬如翻阅书籍中后部分内容时，始终需要从头打开，十分不方便。而后出现的经折装则大

大方便了阅读和取放。

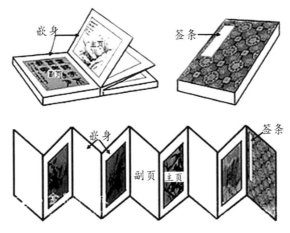

图 2.44　经折装

③ 旋风装（见图 2.45），是在经折装的基础上加以改造而来的。虽然经折装的出现改善了卷轴装的不利因素，但是由于长期翻阅会使折口断开，书籍便难以长久保存和使用。

图 2.45　旋风装

④ 蝴蝶装（见图 2.46），将印有文字的纸面朝里对折，再以中缝为准，把所有页码对齐，用糨糊粘贴在另一背纸上，然后裁齐成书。蝴蝶装的书籍翻阅起来就像蝴蝶飞舞的翅膀，故称"蝴蝶装"。蝴蝶装虽然只用糨糊粘贴不用线，却很牢固。

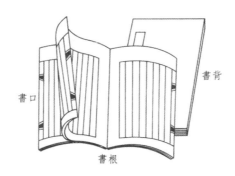

图 2.46　蝴蝶装

（3）书籍装帧设计的基本原则

第一，形式与内容的统一。书籍作为一种传播载体，书籍装帧设计就必然要符合一定的艺术审美特性，这就需要设计者在设计中将形式与内容联系起来，做出合理有序的安排。

第二，局部与整体的统一。书籍装帧设计是综合系统的一项工程，要追求书籍整体美。书籍是文化商品，在流通过程中是靠整体到局部的和谐统一来感染读者的。所以书籍的品味高低决定了书籍在读者心中的位置，而书籍的高品位来自于整个规划中不忽视每个部分的严谨的组织形式。

第三，装饰与新颖的统一。书籍装帧有创意构思后，就要选择相适应的材料与形式表现出来。书籍装帧设计根据不同的类别设计可选择相适应的材料，所选用的材料不一定贵重豪华，即便是低廉的材料在设计中也可以演变出无法替代的特有艺术语言，带给读者一种质朴和高品位的审美享受。

第四，艺术与技术的统一。古为今用，洋为中用，是艺术设计的一贯原则，失去了民族的文化内涵，也就失去了国际竞争的舞台。

（4）书籍装帧设计的基本方法

① 书籍装帧设计的封面。封面设计（见图 2.47）是书籍装帧设计艺术的门面，它是通过艺术形象设计的形式来反映书籍的内容。其中图形、色彩和文字是封面设计的三要素。

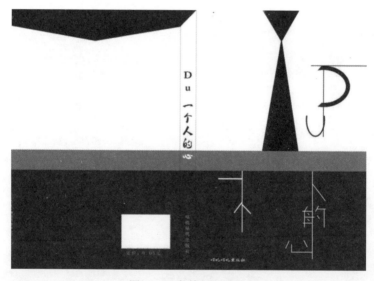

图 2.47　书籍封面设计

好的封面设计应该在内容的安排上做到繁而不乱。例如在色彩上、印刷上、图形的有机装饰设计上多做些文章，使人看后有一种良好的氛围、意境或者格调。

② 书籍装帧设计的扉页。扉页（见图 2.48）是现代书籍装帧设计不断发展的需要。随着人类文化的不断进步，扉页设计越来越受到人们的重视，真正优秀的书籍应该仔细设计书前书后的扉页，以满足读者的要求。

③ 书籍装帧设计的插图设计。插图设计（见图 2.49）是活跃书籍内容的一个重要因素，更能帮助读者发挥想象力和增强对内容的理解力，并获得一种艺术的享受。尤其是少儿读物更是如此，因为少儿的大脑发育不够健全，对事物缺少理性认识，只有较多的插图

设计才能帮助他们理解内容，才会激发他们阅读的兴趣。目前书籍里的插图设计主要是美术设计师的创作稿、摄影图片和电脑设计稿等几种。

图 2.48　书籍扉页设计

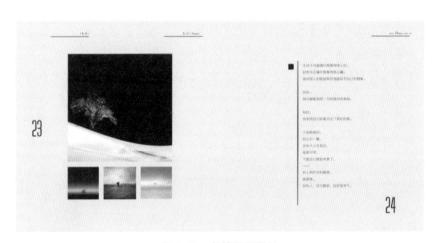

图 2.49　书籍插图设计

2.1.4　广告设计

广告设计是一种职业，该职业的主要特征是对图像、文字、色彩、版面、图形等元素结合广告媒体的使用特征，在计算机上通过相关设计软件来实现和表达广告的目的及意图。广告设计是进行平面艺术创意的一种设计活动或过程。

（1）广告设计的基本概念

所谓广告设计是指从创意到制作的中间过程。广告设计是将广告的主题、创意、语言文字、形象、衬托等构成要素进行组合安排。

（2）广告设计的发展历史

广告的起源：据文史记载，最早的平面广告大约是公元前三千年，在埃及古城底比斯的废墟中发现的莎草纸，写着追捕一名逃亡奴隶，愿悬金质硬币为酬赏。在古希腊和古罗马，经商点需有标识作广告，如旅店的标识是松果，酒店的标识是常春藤，奶品厂的标识是山羊，面包房的标识是骡子拉磨盘。而中国则是世界广告的来源地，历史悠久，在春秋时期就有了广告的雏形，《韩非子难一》篇中就有楚人以叫卖声来卖盾与矛的故事。叫卖声是广告最原始、最古老的表现形式，在《外储说右上》记载"宋人沽酒者，升概甚平，遇客甚谨，为酒甚美，悬帜甚高著……"，就指公元前六世纪宋国的酒店"幌子"（又名望子）广告，并一直沿用至今。

广告的发展：造纸术的诞生促进了平面广告的发展。甘肃敦煌千佛洞的一册《金刚经》，结尾题有咸通九年四月十五日（868年），是目前世界上保存最早、注明日期记载的书籍，也是第一本插图书籍（现藏伦敦不列颠博物馆）。到北宋时期（公元960年—1127年），雕刻铜版问世。中国历史博物馆所藏的北宋"济南刘家功夫针铺"的四寸见方雕刻铜版，上有白兔商标及"上等钢条""功夫细"等广告文句，是目前世界上发现的最早的印刷广告文物了，它比西方印刷广告早三百多年。我国考古工作者，1980年在新疆发现了由雕刻木版印在金箔佛教用品包装纸上的广告。1985年，我国文物考古工作者又在湖南沅陵县发掘出一座元代的古墓，令人叫绝地发现了两张1306年以前的包装纸广告。其正、背面皆印有清晰的图案、花边和文字，全文为："潭州（今长沙市）升平坊内，白塔街大尼寺相对位，危影（店主姓名）自烧洗无比鲜红、紫艳上等银朱、水花二朱、雌黄、坚实匙筋。买者请将油漆试验，便见颜色与众不同，四远主顾请认门首红字高牌为记"。这是迄今为止我国最早期的精彩的两张平面广告文物。

在西方，1473年，英国第一位印刷家威廉·凯克斯顿印出了第一张出售祈祷书的广告在伦敦张贴。世界最早刊登新闻的小册子于1525年在法国创刊，它里面有一页用几种文字推荐一本画面的广告，可作散发用。1597年，意大利的佛罗伦萨第一次出现了报纸。世界上公认的第一份广告是乔治马赛林写的一本书的介绍，刊登在1625年2月1日的英格兰《每周新闻》封底下部。广告一词，最早出现在1645年1月15日英国出版的《每周报道》上，但广告词下编排的却是新闻。正式使用广告一词，是从1655年11月1日—8日的苏格兰《政治使者》报开始，从此便沿用至今。

（3）广告设计的基本原则

第一，了解消费者的需求是沟通的基础。随着全球化经济的迅速发展，物质极大的丰富，产品品种多样化且质量亦趋于稳定，使消费者对商品有了更大的选择余地。只有能够满足消费者心理需要的品牌，才能理所当然地进入了人们选购商品的视野。

第二，塑造"个性"建立印象。没有独特个性的品牌很难在消费者心中留下记忆和印象。

（4）广告设计的基本方法

① 直接展示法（见图2.50）：这是一种最常见的运用十分广泛的表现手法。它将产品或主题直接如实地展示在广告版面上，充分运用了摄影或绘画等技巧的写实表现能力。

② 突出特征法（见图2.51）：运用各种方式抓住和强调产品或主题本身与众不同的特征，并把它鲜明地表现出来。将这些特征置于广告画面的主要视觉部位或加以烘托处理，使观众在接触言辞画面的瞬间即很快感受到信息，对其产生注意和发生视觉兴趣，达到

刺激购买欲望的促销目的。

图 2.50   怀旧航海广告设计

图 2.51   运动鞋广告设计

③ 对比衬托法（见图 2.52）：把作品中所描绘的事物的性质和特点以较为鲜明的对照和对比呈现出来，借彼显此，互比互衬。从对比所呈现的差别中，达到集中、简洁、曲折变化的表现效果，由此可以使貌似平凡的画面蕴含丰富的意味，展示出广告主题表现的不同层次和深度。

④ 合理夸张法（见图 2.53）：借助想象，对广告作品中所宣传对象的品质或特性的某个方面进行相当明显的过份夸大，以加深或扩大人们对这些特征的认识。通过夸张手法的运用，能为广告的艺术美注入浓郁的感情色彩，使产品的特征鲜明、突出、动人。

⑤ 以小见大法（见图 2.54）：在广告设计中对立体形象进行强调、取舍、浓缩，以独到的想象抓住其中一点或一个局部加以集中描写或延伸放大，更充分地表达主题思想。以小见大中的"小"，是广告画面描写的焦点和视觉兴趣中心，它既是广告创意的浓缩和升华，也是设计者独具匠心的安排。因为它已不是一般意义的"小"，而是小中寓大，以小胜大所提炼出来的产物，是简洁的刻意追求。

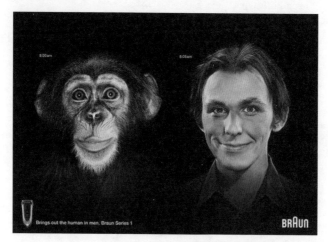

图 2.52　剃须刀广告设计

图 2.53　辣椒酱广告设计

图 2.54　奥迪汽车广告设计

⑥ 运用联想法（见图 2.55）：通过联想，人们在审美对象上可以看到自己或与自己有关的经验，这样一来美感往往会显得特别强烈，从而使审美对象与审者融合为一体，在产生联想过程中引发美感共鸣，这种感情的强度总是激烈的、丰富的。

图 2.55　相机广告设计

⑦ 富于幽默法（见图 2.56）：幽默法是指广告作品中巧妙地再现喜剧特征，抓住生活现象中具有幽默性的东西，将人们的性格、外貌和举止的某些喜剧性的特征表现出来，以此达到加深印象的目的。

图 2.56　房地产广告设计

⑧ 借用比喻法（见图 2.57）：是指在某些方面有些相似性的事物，"以此物喻彼物"。比喻的事物与主题没有直接的关系，但是某一点上与主题的某些特征有相似之处，因而可以借题发挥，进行延伸转化，获得"婉转曲达"的艺术效果。

图 2.57　三菱汽车广告设计

2.1.5　VI 设计

VI（Visual Identity）设计，全称为"视觉形象识别系统设计"，分为企业形象设计和品牌形象设计。VI 设计是企业树立品牌必须做的基础工作。它使企业的形象高度统一，使企业的视觉传播资源被充分利用，达到最理想的品牌传播效果。

（1）VI 设计的基本概念

VI 通译为视觉识别系统，是 CIS 系统中最具传播力和感染力的部分。VI 一般包括基础部分和应用部分两大内容。基础部分一般包括：与企业相关的名称、标识、标识、标准字体、标准色、辅助图形、标准印刷字体、禁用规则等；应用部分则一般包括：与企业相关的标牌旗帜、办公用品、公关用品、环境设计、办公服装、专用车辆等。

（2）VI 设计的基本原则

进行 VI 设计必须把握同一性、差异性、民族性、有效性等基本原则。

同一性：为了达成企业形象对外传播的一致性与一贯性，应该运用统一设计和统一大众传播方式，用完美的视觉一体化设计，将信息与认识个性化、明晰化、有序化。把各种形式的传播媒本上的形象统一，创造能储存与传播的统一的企业理念与视觉形象。对企业识别的各种要素，从企业理念到视觉要素予以标准化，采用统一的规范设计，对外传播均用统一的模式，并坚持长期一贯的运用，不轻易进行变动。

差异性：为了能获得社会大众的认同，企业形象必须是个性化的、与众不同的，因此差异性的原则十分重要。在设计时必须突出行业特点，才能使其与其他行业有不同的形象特征，有利于识别认同。其次必须突出与同行业其他企业的差别，才能独具风采，脱颖而出。

民族性：企业形象的塑造与传播应该依据不同的民族文化来进行。众所周知，美国和日本等国家的许多企业的崛起和成功，民族文化便是其根本的驱动力。

有效性：有效性是指企业经策划与设计的 VI 计划能得以有效地推行运用。VI 是解决问题的，不是企业的装扮物，因此能够操作和便于操作是一个十分重要的问题。

（3）VI 设计的基本方法

① 基本设计系统的设计。

企业名称：在考虑公司命名或更换名称时，一方面要符合有关法规，同时也要在思想性、独特性、措辞明确性、文字明了性、适应广泛性、国际性等各方面进行斟酌。

标准标识（见图 2.58）：设计企业标识，应首先调查和分析企业实态、企业形象、企业与消费者、投资者股东的关系以及企业的整体形象。

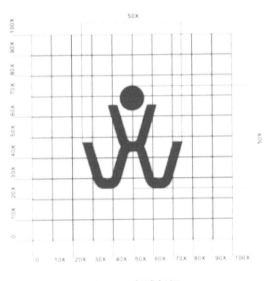

图 2.58　标准标识

变形标识（见图 2.59）：变形标识以不损害原标识的设计理念和形象特点为原则，抓住原标识的造型或主题意义特征进行延伸变化。

图 2.59　变形标识

标准字体（见图 2.60）：标准字体在设计上要求具有强烈的个性和美感，易于阅读，

与标识风格具有统一性。在文字形式上，要顺应文字规则、笔画及结构特征，适当添加或简化。

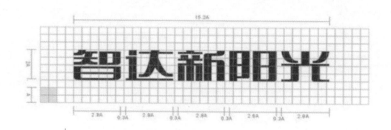

图 2.60　标准字体

印刷字体（见图 2.61）：印刷字体不需要专门设计，只需要在现成的字库中选择一套或几套与其形象、风格匹配的字形即可，外文印刷字体也用同样的方式选定。

$$红樓夢$$
$$水滸傳$$

图 2.61　印刷字体

标准色彩（见图 2.62）：标准色彩的设计需要突出企业、品牌。并能表现企业的精神、文化与商品的优越性。

图 2.62　标准色彩

辅助色彩（见图 2.63）：辅助色彩的设计要注意与标准色之间的协调关系，以及与用色环境及对象的协调性等。

图 2.63　辅助色彩

组合方式：组合方式如同标识、标准字体、标准色彩一样，要设计出自己的个性和风格。设计者需要借此来强化其他基本元素，使之建立起相互映衬、相互作用的关系。

②应用设计系统的设计。

办公事务用品（见图 2.64）：在设计办公事务用品时，除了考虑简洁性、美观性因素外，还应该考虑其他功能和材质等实际应用因素。

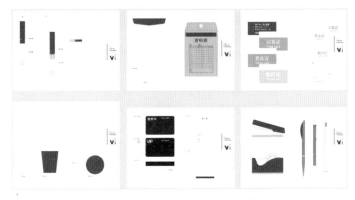

图 2.64　办公事务用品 VI 设计

广告招牌类（见图 2.65）：广告无论是动态的还是静态的都要注意作为 VI 广告的整体策划应具有连贯性、统一性和针对性。广告可以千变万化，但诉求宗旨不变。

图 2.65　广告招牌类 VI 设计

环境导视系统（见图 2.66）：在设计环境导视系统时，主要是以运用基本要素的标准组合形式作为基础，根据实际情况进行设计。需要注意的是，环境导视系统设计要与周围环境相协调，简洁醒目，信息需要传达准确，规范统一。

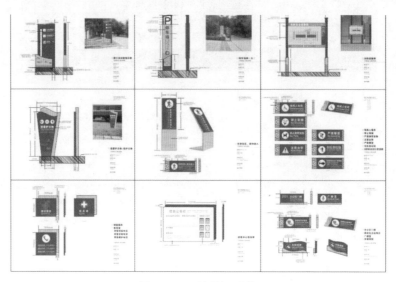

图 2.66　环境导视系统

服装类（见图 2.67）：在设计服装时应以实际情况为基础，以方便日常使用为准则，充分考虑到服装的色彩、款式、材料等具体情况。

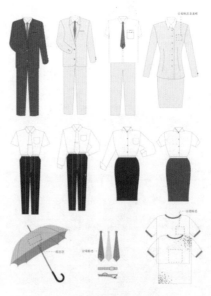

图 2.67　服装类 VI 设计

交通工具类（见图 2.68）：车辆外观设计应注意标识与辅助图形、标准字体之间组合的完整性及其与车体、车身之间组合的协调性，防止标准标识等信息要素被车门、车窗切割。

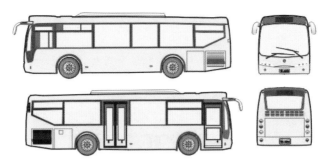

图 2.68　交通工具类 VI 设计

2.1.6　插图设计

插图（画）是运用图案表现的形象，本着审美与实用相统一的原则，尽量使线条、形态清晰明快，制作方便。插图是世界通用的语言，其设计在商业应用上通常分为人物、动物、商品形象。

（1）插图设计的基本概念

插图设计是将文字具象化，是以"图像"来表达文字的内容，它的视觉化、形象化都能极大地提升文字的魅力、张力和感性，是文字意念的"再创造"。从现代设计观念来审视，插图不仅是视觉传达的形式，也是信息传播的媒介。插图设计既要有较强的艺术感染力，又要同时具备实用功能，它是艺术与设计的完美结合。

（2）插图设计的基本原则

图画具有直接传达信息的特征，使人易于接受，有着很强的实用功能。在设计插图时要运用好基本原则。

第一，统一与调和原则。插画设计如果过分强调对比关系，空间预留太多或加上太多造型要素时，容易使画面产生混乱。要调和这种现象，最好加上一些共通的造型要素，使画面产生共通的格调，具有整体统一与调和的感觉。

第二，形态的意象原则。一般编排形式皆以四角型（角版）为标准形，其它的各种形式都属于变形。角版的四角皆成直角，给人以很规律、表情少的感觉，其它的变形则呈现形形色色的表情。譬如成为锐角的三角形有锐利、鲜明感；近于圆形的形状有温和、柔弱之感。设计师在设计过程中要结合形态的意象进行深入设计以确保"形意合一"。

第三，大小的对比原则。大小关系是造型要素中最受重视的一项，几乎可以决定意象与调和的关系。

第四，质感的对比原则。在一般人的日常生活中，也许很少听到质感这个词，但是在美术方面，质感却是很重要的造型要素。譬如松弛感、平滑感、湿润感等都是形容质感的。

（3）插图设计的基本方法

插图设计的表现手法贯穿于插画表现内容的始终。直叙性、寓言性等都属于插画中的主题表现手法。

直叙性（见图 2.69）：直叙性的插画作品同文学作品中所使用的平铺直叙的方式一样，主要通过对所要表现的主题的明显、直接的叙述性描绘，来达到开门见山的表现效果，

这种表现有时往往会加上一些小趣味或小比喻来加以点缀。

图 2.69　直叙性

寓言性（见图 2.70）：寓言性的插画作品一般含有说教的意味，以叙事说理为主，所以在儿童故事中使用比较多。为引起读者的兴趣，便于理解，这类插图通常都使用装饰性的手法，使得画面的趣味增强。

图 2.70　寓言性

2.1.7　包装设计

包装设计即指选用合适的包装材料，运用巧妙的工艺手段，为商品的包装进行容器结构造型设计和美化装饰设计。

（1）包装设计的基本概念

包装设计是将美术与自然科学相结合，并运用到产品的包装保护和美化方面。它不是广义的"美术"，也不是单纯的装潢，而是包含科学、艺术、材料、经济、心理、市场等综合要素的多功能的体现。包装的主要作用：一是保护产品；二是美化和宣传产品。包装设计的基本任务是科学地、经济地完成产品包装的造型、结构和装潢设计。

（2）包装设计的基本原则

引人注目：利用色彩、图形、商标和文字等一切视觉表现手法，创立一种具有强烈视觉冲击力的包装形态。

易于辨认：容易辨认包装内容物的质量、特点、产地、成分和使用方法。

表里如一：形式与内容表里如一、具体鲜明，看到包装即可知晓商品本身。

科学创新：利用先进的科学技术和新材料、新工艺设计出具有时代感的包装设计形态。

（3）包装设计的基本方法

① 直接表现：直接表现是指表现重点是内容物自己，包括表现其表面形态或用途、用法等。最常用的方法是运用拍照图片来表现。除此之外，还有以下几种有帮助性的表现方法。

烘托（见图2.71）：这是帮助方法之一，它可以使主体得到更充实的表现。烘托的形象可以是具象的，也可以是抽象的，细致但不要喧宾夺主。

图2.71 烘托方法

比拟（见图2.72）：这是烘托的一种转化形式，可以叫作反衬。就是从反面烘托使主体在反衬比拟中得到更猛烈的表现。

归纳和浮夸（见图2.73）：归纳是以简化求鲜明，而浮夸是以变革求突出，两者的共同点都是对主体形象做一些改变。需要注意的是，浮夸不但有所取舍，并且还有所夸大，使主体形象虽然不合理，但却合情。

特写（见图2.74）：这是大取大舍的一种方式，以局部表现主体的方式，使主体部分特点表现更为突出，对其进行深入刻画之后，可以达到"特写"的效果。

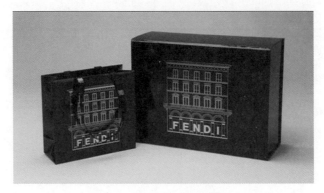

图 2.72 比拟方法（服装包装）

图 2.73 归纳和浮夸方法

图 2.74 特写方法

② 间接表现：间接表现是比内涵表现的伎俩。即画面上不出现表现的对象本身，而借助于别的有关事物来表现它。间接表现的方式是比喻、遐想和象征。

比喻（见图 2.75）：比喻是借它物比喻此物，是由此及彼的方式。所运用的比喻内容必须是大多数人所了解的详细事物、详细形象，这就要求计划者具有比较富厚的生活知识和文化修养。

图 2.75　比喻方法

遐想（见图 2.76）：遐想法是借助于某种形象引导观者去了解事物，由观者孕育发生的遐想来增补画面上所没有直接表现的内容。遐想法所借助的事物形象比比喻形象更为机动，它可以具象，也可以抽象。譬如人们可以从具象的鲜花想到幸福，由蝌蚪想到田鸡，由金字塔想到埃及，由落叶想到秋日等。又可以从抽象的木纹想到江山，由长直线想到天海之际，由绿色想到草原丛林，由流水想到逝去的韶光。

图 2.76　遐想方法

象征（见图 2.77）：这是比喻与遐想相联合的转化形式，在表现的寄义上更为抽象，在表现的情势上更为凝练。在象征表现中，色彩的象征性的运用非常重要。

图 2.77　象征方法

装饰（见图2.78）：在间接表现方面，礼物包装会以包装装饰表现出来，这种"装饰性"较为细致，且有一定的指向性。用这种指向性可以引导观者将注意力集中到装饰细节上，从而增加人们对它的好感。

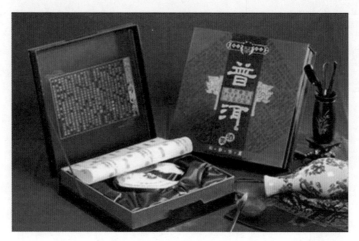

图 2.78 装饰方法

2.2 产品设计

产品设计就是对产品的造型、结构、功能等方面进行综合性的设计，以便于生产出符合人们需求的产品。好的产品设计，不仅表现在设计的产品的功能的优越性，而且应用产品便于制造且生产成本低，从而使产品的综合竞争力得以增强。产品设计一般包含手工艺品设计、家具设计、服装设计、日用品设计、交通工具设计、纺织品设计几大方面。

产品设计是为了人类的使用而存在的设计形式，所以，产品设计必须满足以下几点要求。

一是功能性要合理，包括物理、生理、心理各方面的功能。

二是具有一定审美性，审美性的体现并不是刻意去创造的，而是灵活运用设计手法，在满足功能的基础上体现出产品本身的美好形象。

三是适应性要强，设计一个产品出来，要适应不同的人、物、时间和社会诸多因素构成的不同环境。

四是经济要合理，产品设计师需要结合市场，了解使用对象的消费水平，从而设计出适合使用者的产品。

五是创新创造要突出，产品设计必须要创造出更新更便利的功能，或是唤起新造型的新设计。

2.2.1 手工艺品设计

手工艺品，俗称"民间手工艺品"，是指民间的劳动人民为适应生活需要和审美要求，就地取材，以手工生产为主的一种工艺美术品。手工艺品的品种非常繁多，如皮具、宋锦、竹编、草编、手工刺绣、蓝印花布、蜡染、手工木雕、油纸伞、泥塑、剪纸、服饰、民间玩具等。现在许多设计师将目光投入到手工艺品设计当中，将传统工艺运用到现代设计当中，由此创造出新的产品。比如葫芦雕刻设计，将传统的门神或者年画雕刻于葫芦上，使其可以作为装饰物品，也可以作为护身符，如图 2.79 所示。现在许多手工艺品设计都擅于结合传统文化，由此设计出来的文创产品，既具有强烈的视觉效果，又能蕴含浓厚的文化意味。

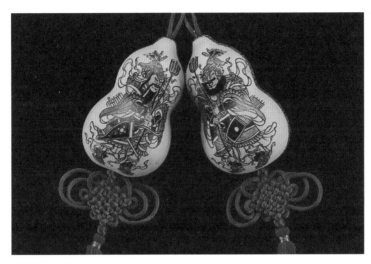

图 2.79　葫芦雕刻设计

2.2.2　家具设计

家具设计是指用图形（或模型）和文字说明等方法，表达家具的造型、功能、尺度与尺寸、色彩、材料和结构。作为一种工业产品，家具设计必须在消费与生产之间寻求最佳平衡点。对于消费者来说希望获得实用、舒适、安全、美观且价格适宜的家具，而对于生产者而言希望简单易做，从而降低成本、保证品质并获得必要的收益。家具设计师还应当具有社会责任感，以自己的设计引导正确、健康的消费观。

（1）家具设计原则

家具设计应遵循的八项原则：一是实用性，家具是给人使用的，所以第一要素是实用；二是舒适性，好的家具设计应该符合人机工程学的基本要求，让人觉得舒适；三是安全性，家具设计的强度和稳定性是一定要考虑到的，另外现在许多家具材料的危害很大，所以选材方面一定要考虑安全性；四是艺术性，这一要求主要是满足人的精神需求，将功能、材料、文化和设计融为一体，创造赏心悦目的产品；五是工艺性，所有的产品设计出来，都要在保证质量的前提下尽可能提高生产效率，降低制作成本，所有家具零部件都应该尽可能满足机械加工或自动化生产的要求；六是经济性，这一点将直接影响产品在市场上的竞争力，家具的市场是非常巨大的，所以一定要考虑到经济性；七是系统性，通常就是风格要统一，家具一般都是整套的，不是单一存在的，所以要风格一致，才能产生

产品关联，便于销售；八是可持续性，在设计的时候，就要考虑后期制作问题，要倡导绿色设计，保护环境，尽可能减少各种消耗。

总之，在把握好家居设计的几大原则前提下，进行家具设计便会顺理成章。

（2）家具设计步骤

第一，资料收集，资料在家具设计中起着参考作用，能扩大构思、引导设计，为制定设计方案打下基础。

第二，构思方案，构思是设计者提出解决问题的尝试性方法，即按设计意图通过综合性思考后得出的各种设想。草图是设计者将头脑中的各种设想以最迅速最简便的方式变成可视图形，是记录构思形象的最好办法，如图 2.80 所示。

图 2.80　家具设计草图

第三，绘制三视图和透视效果图，即按比例以正投影法绘制正立面图、侧立面图和俯视图。这一步骤需要明确家具设计的体型与状态，以便进一步解决造型设计上的不足与矛盾。另外图纸上需要反映主要的结构关系，将家具各部分所使用的材料要明确下来。

第四，模型制作，它是研究设计、推敲造型比例、确定结构方式和材料的选择与搭配的一种手段。模型具有立体、真实的效果，易于从多视点审视家具的造型，找出设计的不足与问题。

第五，完成设计方案，完善的家具设计方案图应包括以下内容：以家具制图方法表现出的三视图、剖视图和透视效果图；设计的说明性文字；模型制作。

（3）家具设计赏析

作品"密"，打破家具固有的结构形式，大胆尝试运用线条构造，塑造出别树一格的线条椅。椅子材料为铁丝，通过线条之间的无意穿插，不但起到固定作用，还形成了不规则的纹样装饰，如图 2.81 所示。

作品"蔓延"，此设计作品融合了自然材料和人工材料，将自然材料藤条以新的手法运用到家具设计中来，抛开了传统的编织方式，藤条自由随意地蔓延开来，营造出一种生命的气息，如图 2.82 所示。

图 2.81 "密"家具设计

图 2.82 "蔓延"家具设计

2.2.3 服装设计

服装设计与其他设计是相通的，主要是按照设计规律，将设计方法运用到单项的训练当中，创造一种新的产品。通过对构成服装的各个要素进行变化重组，使其具有崭新的符合审美要求的面貌，从而完成服装新款的设计创造。常用方法有加减法、拆解组合法、自然模仿法、转移法、变异法、夸张法等。服装设计的方法特别多，设计师可以在设计实践当中不断总结。这里必须注意的是，在设计过程中，不要局限于方法的使用，切记不要在一件服装设计上使用过多的方法，过多方法同用会导致没有重点造型的结果。

服装设计的过程如下：

第一，市场调研。此步骤与其他设计同样，需要对流行趋势、款式、色彩、面料等进行全面的调研。

第二，寻找素材。记录好自己的灵感、理念、创意等。收集的材料包括：色谱、相关的物品、草图、面料、注解、包装纸标本、墙纸、广告、摄影、装饰物、缝制好的样衣、事件记录、明信片、旧样板等，如图2.83所示。

图 2.83　搜集资料样板

第三，理念与灵感梳理。将突发的、增加的、短暂性的、专注性的、漫想性的思维过程全部记录下来，整理完成。

第四，构思设计内容，确定方案。在纸上进行拓展性的设计，考虑外形、轮廓、量感、比例搭配、面积比例、是否夸张、裁剪、结构、色彩搭配、纺织材料、印花、图案、质感、手绘图等。如印象苗寨服装设计，将苗服的特点与现代设计相结合，呈现一种浓厚的地域特色服装造型，如图2.84所示。

图 2.84　印象苗寨服装设计

第五，效果图绘制，成品制作，市场评估。

2.2.4 日用品设计

日用品是指日常生活中需要用的物品，如毛巾、肥皂、暖水瓶、牙刷等。日用品又名生活用品，是普通人日常使用的物品，生活必需品，即家庭用品，如家居食物、家庭用具及家用电器等。

（1）设计的步骤与构想

第一，产品定位。根据市场调查和本公司的现状及优势确定新产品开发的类型与该产品开发的系列。在确定了产品类型的基础上，确定该产品的档次和风格。如确定产品是单一档次还是多档次多价位系列并存，是单一风格还是多种风格并存等。

第二，产品实用功能描述。主要功能、次要功能与辅助功能的确定。

第三，产品心理功能的描述。从审美功能、联想功能和象征功能等方面进行构思与描述。

第四，产品环境功能的描述。包括产品、室内与建筑、室内与室外环境的功能和形式协调等；产品的选材、生产、使用和使用后废弃物的环境保护功能。

第五，产品的社会功能描述。指产品设计与生产的公司对社会的贡献。

第六，风格取向描述。确定一种风格，或传统或现代、或简或繁、或中式或西式、或本土或异域、或朴实或华丽。

第七，造型特色。造型手法上所突出的特色。

第八，色彩色调描述。不同的产品，因使用环境、使用人群及用途的不同，色调是有较大差异的。

第九，材料选用构想。在概念设计阶段，应基本确定产品所用材料、表面装饰材料等的类别和性能。

第十，结构和工艺描述。产品概念设计阶段应锁定产品的工艺路线和工艺方法，以及新工艺、新技术的应用描述。

（2）日用品设计作品赏析

第一，餐具设计——铁木语言餐具设计。该设计产品将不锈钢材质与原木相结合，实现软硬相容的效果，给人一种清爽的感觉，如图2.85所示。

图2.85 铁木语言餐具设计

第二，厨房用具设计。方圆演义厨房用具将传统的不锈钢材质换成了带色彩的安全塑料，黑色和绿色搭配，健康舒适，如图2.86所示。

图 2.86　方圆演义厨房用具

第三，果盘类设计。金元宝果盘设计，弧线形给人现代化的感觉，同时还具有一定的寓意，如图2.87所示。

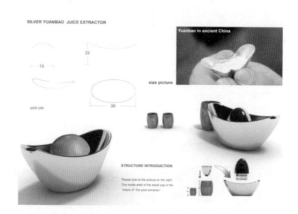

图 2.87　金元宝果盘设计

2.2.5　交通工具设计

这里的交通工具设计主要是指概念交通工具设计。随着生活水平的不断提升，交通工具发生了巨大的变化，从以前的马车、自行车到现在的小汽车，以及动车高铁等。种类不断增加，技术不断成熟，而且人们在考虑技术发展的同时也会强化视觉审美方面的需求。

前几年，"电脑绘图学会"组织了一次设计大赛，按照比赛要求，数字艺术家设想了人类在未来如何从一个点到达另一个点，并设计出灵感来自于艺术家米德的未来交通工具。以下是参赛者创作的几款参赛作品，可帮助大家了解交通工具设计。

（1）飞行器 Sydpelin。设计灵感来自于经典的齐柏林硬式飞艇以及富有传奇色彩的概念艺术家米德。与最初的齐柏林硬式飞艇设计有所不同的是，Sydpelin 在设计上采用等离子束驱动发动机运转。除此之外，等离子束还负责为飞行器内部供暖，如图 2.88 所示。

图 2.88　飞行器 Sydpelin

（2）巨型概念车 NOMAD。NOMAD 是一款灵感来自于艺术家米德的巨型概念车。设计者为其打造了一个高容量移动桥以及停机坪。它采用核动力驱动，可连续运行相当长的时间，使长时间连续工作成为一种可能。NOMAD 可用于修建公路，在陌生的地方进行侦察并为有需要的地方运送车辆、飞机和补给，如图 2.89 所示。

图 2.89　巨型概念车 NOMAD

（3）自治数据库运输工具。为 2137 年设计的自治数据库运输工具（Autonomous Database Transport，ADT）是一个具有独创性的想法，可以节省大量资金和人力并确保数据安全，防止遭到令人深恶痛绝的黑客攻击。为了做到这一点，ADT 采取了一种令人吃惊的方式，即亲自"运输"重要数据并交到政府和私人客户手上。使用实体工具运输数据看似是一种退步，实际上却是一种进步，如图 2.90 所示。

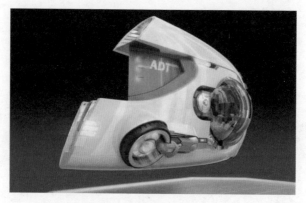

图 2.90　自治数据库运输工具

（4）垃圾收集卡车。如果无法在未来培育出用于降解垃圾的"可编程"细菌，我们仍需借助车辆这种传统的垃圾回收方式。图片呈现的这款简单设计无疑是在告诉我们，在未来的世界，即使是一辆普普通通的垃圾收集卡车也能呈现一种令人敬畏的感觉，如图 2.91 所示。

图 2.91　垃圾收集卡车

上述所呈现出的交通工具设计作品，除了在造型设计方面有许多大的改变，在设计理念及观念方面亦是有许多突破和变化，未来的交通工具设计势必要与更新的技术紧密结合。

2.2.6　纺织品设计

纺织品设计主要包括产品风格设计、原料设计、纱线设计、织物结构设计、生产工艺流程设计、主要工艺参数及技术要点等。

（1）纺织品设计的原则和依据

纺织品设计的原则和依据有以下几点。第一，符合市场需求；第二，定位准确；第三，能创造良好的经济效益；第四，兼顾经济实用和风格性能；第五，创新与规范相结合；第六，设计、生产与销售相结合。

（2）纺织品的设计步骤

纺织品的设计步骤包括以下几方面。第一，小样分析、织物风格分析、技术规格分析、花纹组织分析；第二，确定产品规格，进行生产工艺设计；第三，小样和先锋试样的试织；第四，正式投产。

（3）纺织品设计的图案类型

纺织品设计的图案类型有以下几种。

第一种：条形图案，如嵌条、彩条、提花条、隐条、凸条、花式条等，如图 2.92 所示。

图 2.92　条形图案

第二种：格形图案，如方格、提花格、花式格等，如图 2.93 所示。

图 2.93　格形图案

第三种：几何图案，有呈散点排列的局部提花，也有满底提花等，如图 2.94 所示。

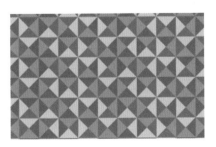

图 2.94　几何图案

第四种，写实纹样，如图 2.95 所示。

图 2.95　写实纹样

2.3　空间设计

　　从单一建筑设计（含室内设计）到群体设计，再到城市设计、城市规划和区域规划，均离不开空间设计。对空间最早的阐述可追溯到二千年前老子《道德经》："凿户牖以为室，当其无，有室之用，故有之以为利，无之以为用"。意思是：实体是具体的物，空虚处起作用。实体之所以有数量，正因为空虚处为之起作用，借助于"有"创造空间的"无"。空间其实是相对于实体而存在的一种虚渺的感觉。现在，空间设计已成为建筑设计、室内设计、园林景观设计和城市规划设计不可缺少的一个重点内容。

2.3.1　建筑设计

　　（1）建筑设计的定义

　　建筑设计是指为满足一定的建造目的（包括人们对它的使用功能的要求、对它的视觉感受的要求）而进行的设计，它使具体的物质材料在技术、经济等方面可行的条件下形成能够成为审美对象的产物。广义上，它包括了形成建筑物的各种相关的设计内容。按设计深度分，有建筑方案设计、建筑初步设计、建筑施工图设计；按设计内容分，有建筑结构设计、建筑物理设计（建筑声学设计、建筑光学设计、建筑热学设计）、建筑设备设计（建筑给排水设计，建筑供暖、通风、空调设计，建筑电气设计）等。

　　（2）中国传统建筑的特点

　　中国传统建筑从表征上来看有以下几个特点。一是以木构架为主。这与古代的气候条件、地理环境有很大关系。当时人们为了便于扩大和缩小门窗位置以适应当地环境变化，所以采用木构架结构，根据自己所需可在中间填充任何材料。这种结构将承重与维护分开处理，利用了木材的可伸缩性能，也便于保证建筑物的安全，最重要的一点是便于取材和加工制作。二是单体造型独特。众所周知，中国传统建筑的造型单从屋顶特点来看，就包括庑殿顶、悬山顶、歇山顶、攒尖顶、重檐顶等多种形式，每一种屋顶的外观都各具特色。三是群体布局常为中轴对称式。这种布局思想主要是源于古代黄河中游的地理位置及受到儒学中正思想的影响。以故宫布局最具特色，如图2.96所示。四是装饰内容变化多样。比如雕饰、栏杆、窗棂等，如图2.97和图2.98所示。五是具有写意特色的园林山水。比如宋代苏舜钦的沧浪亭，如图2.99所示。

图 2.96　故宫中轴对称布局

图 2.97　故宫建筑内饰

图 2.98　故宫建筑内饰

图 2.99　沧浪亭

中国传统建筑艺术的精神内涵特征有下述几点。一是审美价值与政治伦理价值的统一。比如故宫太和殿（见图 2.100），其建筑具有较高的艺术价值，同时发挥着维系、加强社会政治伦理制度和思想意识的作用。太和殿是重檐庑殿顶，这是建筑屋顶形式里面的最高等级。在中国古建筑的岔脊上，都装饰有一些小兽，这些小兽的排列有着严格的规定。按照建筑等级的高低而有数量的不同，最多的是故宫太和殿上的装饰（共有十个）。二是植根于深厚的传统文化，表现出鲜明的人文主义精神。三是总体性、综合性很强。往往会动用一切因素和手法综合成一个整体形象，从空间组合到色彩装饰都是整体的有机组成部分，抽掉其中任何一项都会影响整体效果。

图 2.100　故宫太和殿屋顶小兽装饰

（3）现代建筑设计

1933 年的雅典会议研究了城市建设问题，还提出一个城市规划大纲，即著名的"雅典宪章"。这一时期的建筑思潮是非常有特点的，表现了现代建筑的特征。其一，根据功能的需要和具体的使用特征，确定空间的体量与形状，灵活自由地布置空间；其二，室内空间开放，室内外通透；其三，室内装饰简洁，质地纯正，工艺精细；其四，尽可能不用装饰和取消多余的东西；其五，采用统一的标准进行建筑设计；其六，室内采用不同工业产品家具和日用品。现代建筑的里程碑当属包豪斯校舍建筑，如图 2.101 所示。

图 2.101　包豪斯校舍建筑

近现代影响力最大的建筑师当属贝律铭，他的作品总是处于公众注意的焦点，比如巴黎卢浮宫金字塔、美国国家美术馆东馆、香山饭店、中银香港大厦等，最令人印象深刻的是他擅于将西方现代建筑原则与中国传统的营造手法巧妙融合起来，形成具有中国气质的建筑空间，比如苏州博物馆，如图 2.102 所示。

图 2.102　苏州博物馆

2.3.2　室内设计

室内设计是根据建筑物的使用性质、所处的环境和相应标准，基于一定的设计理念和物质技术手段，对建筑物室内环境的空间、界面、家具、灯光、陈设和绿化配饰等要素进行组织与设计，从而创造出合理、舒适、优美，并且富含文化特色和艺术特点的室内环境。

（1）室内设计与建筑设计的关系

室内设计与建筑设计的关系有如下两点：

第一，室内设计是建筑设计的延伸和再造。室内设计是在已确定的建筑实体之中进行的。它以建筑设计为基础，一定程度上受到建筑设计的制约，如空间的总体划分、空间的高度和大小、建筑的结构等。同时，室内设计可以弥补建筑设计中的某些缺陷，改善内部空间的视觉效果，增强内部空间的艺术表现力，深刻反映空间的性格与主题。

第二，相对于室外空间，人们在室内空间的时间较长，且室内空间的尺度较小，与人更为接近，因此，室内空间与人的关系更加紧密直接。室内设计需要更加重视人在其中的生理和心理感受，更加强调材料的质感纹理、色彩的配置、灯光的运用以及细部的处理。所以，与建筑设计相比，室内设计往往更为精美和细腻，不仅要非常注意内部空间的总体效果，还要仔细考虑每一个细部。

（2）室内设计的基本内容

总地来说，室内设计的基本内容可归纳为室内空间组织和界面处理、室内视觉环境设计、室内内含物设计与选用三方面。

第一，室内空间组织和界面处理。室内空间组织，是指在原有建筑设计的基础上，按功能要求对空间进行进一步规划和设计。室内界面处理，是指对室内空间的各个围合面，包括墙面、顶面、地面和隔断等空间界面的形状、图形线脚、色彩配置、材质肌理构成等进行设计，并确定构造做法，是实现设计目标和营造室内环境氛围的重要手段。

第二，室内视觉环境设计。以室内光照设计为例，室内的光照是室内设计至关重要的内容之一，它影响人们对室内环境的感知以及人们对环境产生的反应。室内光照可以分为自然采光和人工照明。自然采光中最主要的是通过对采光口的巧妙设计将室外自然光源引入室内；人工照明则是运用现代化的照明设备和照明方式，满足各种功能对室内环境的光照要求。同时，灯光的色彩、亮度和光影效果，还能起到美化室内环境、烘托特定环境氛围的作用，如图 2.103 和图 2.104 所示。

图 2.103　室内自然采光　　　　　　　　图 2.104　室内人工照明

第三，室内内含物设计与选用。对室内色彩的设计、室内材料的设计、室内内饰的设计与选择三个方面进行介绍。

① 室内色彩的设计。色彩极具表现力，通过人们的视觉感受可产生生理、心理和类似物理的效应，并可烘托室内空间的主题与氛围。进行室内色彩设计的时候，首先要确定室内主色调。将界面设计、家具布置、织物选择及绿化内容设计好，然后选择合适的色彩进行互相搭配，创造一个整体的色彩空间，如图 2.105 所示。

② 室内材料的设计。材料是室内设计的重要内容之一。材料本身所具有的物理性能，

能够营造出不同的触觉和视觉感受，比如木材和石材，分别是软与硬的体验。另外，材料的合理搭配还能提升室内空间的品质、决定室内设计的风格，比如中式和日式多以木材为主，而现代风格多以石材为主，如图 2.106 和图 2.107 所示。

图 2.105　室内色彩设计

图 2.106　木材的运用

图 2.107　石材的运用

③ 室内内饰的设计与选择。此项包括家具、陈设、灯饰、绿化等。这些内容在室内设计当中兼具实用和装饰两大作用。选配得当，能够起到改善室内空间的色彩、构成与分隔组织空间的作用，如图 2.108 所示。

图 2.108　室内陈设搭配效果

2.3.3 园林景观设计

俞孔坚博士认为：“景观设计是关于土地的分析、规划、设计、管理、保护和恢复的科学和艺术。”广义的景观设计主要包含规划和具体空间设计两个方面。狭义的景观设计是以场地设计和户外空间设计为基础核心，综合性很强。

（1）园林景观设计分类

一般情况下，园林景观设计分为自然景观设计和人文景观设计。自然景观设计通常是依托于自然景观的本来面貌，对场地或区域进行合理规划和稍加修饰，尽可能地保持原有风貌。比如：地貌类景观、地质类景观、生态类景观、气象类景观、气候类景观。人文景观是指人为建造和设计的景观。一般指具有文化意义和纪念价值的人文景观资源，对其加以设计和建造、改造，以保持人文景观传承下去。比如：儒家的书院、道家的宫观、佛教的寺院、石窟等，如图 2.109 所示。

图 2.109　大足石刻园林景观

（2）现代园林景观设计理念和方法

现代园林景观设计理念和方法有以下几点：

第一，尊重场地面貌，因地制宜。寻求与场地和周边环境密切联系、形成整体的设计理念已成为现代园林景观设计的基本原则，如图 2.110 所示。

图 2.110　场地与环境合二为一

第二，注重虚空间的设计。在进行园林景观设计之时，除了强调实体物的设计以外，应该多关注虚空间的营造，也就是意境的设计。

第三，注重季节更替的时效性。园林景观会随着季节的变化而呈现出不同的面貌，在设计得过程中，一定要考虑到这一点，以防出现单一季节无景观展现的尴尬。

第四，保持地域性特色。我们无论在何地进行园林景观设计，首先需要对当地的地域特点进行搜集和整理，将当地的地域特色很好地运用到景观设计当中，尽可能使景观符合当地的特点，以免出现不伦不类的现象。

第五，简约、生态的设计理念。这也是印证"少即是多"的理念，同时，从某一方面来看，不过多雕琢也是对生态的保护。

第六，天人合一的设计理念。在现代园林景观设计当中，到底是人改造自然，还是人融入自然，是每一个设计师都在考虑的问题。一般来说，在城市环境中，应较多地考虑到人工与自然结合，考虑到自然的人工性手法。随着城市环境的远去，自然的作用在逐渐增强，如图 2.111 所示。

图 2.111　天人合一的庭院设计效果

除了以上设计方法和理念以外，园林景观设计还有其他的设计思路，这里不再一一罗列。总体来说，园林景观设计一定要保持科学生态的设计理念，不要一味地改造自然，要多从自然中找灵感，以少改造、多尊重自然为主要设计理念。

2.3.4　城市规划设计

城市规划设计是指为了实现某一时期内城市的经济和社会发展目标，确定城市性质、规模、发展方向，合理利用城市土地，协调城市空间的布局和各项建设的综合部署与具体安排。城市规划设计错综复杂，但是如果采用一定的方法对问题进行分类、一一解决，就能起到事半功倍的效果。城市规划设计的方法大概有以下几种：

（1）物质——形体分析法

物质——形体分析法包括三项内容：一是图形—背景分析；二是视觉秩序分析；三是关联耦合分析。从城市设计角度看，这种方法实际上是想通过增加、减少或变更格局

的形体几何学来驾驭空间的种种联系，是一种简化城市空间结构和秩序的二维平面抽象。通过它，城市在建设时的形态意图便被清楚地描绘出来。把墙、柱和其他实体涂成黑色，而把外部空间留白。一般用格网形态、中心辐射形态、角形形态、轴线形态、弯曲形态、有机形态等形式来表达城市空间，如图 2.112 所示。

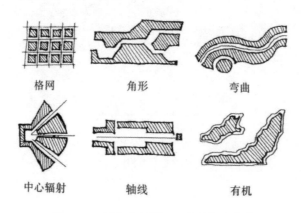

图 2.112　城市空间图——底的组合方式

（2）场所——文脉分析法

场所的理论是倡导依据城市实质空间的文化及人文特色进行城市设计。场所的特征由两方面内容所决定：外在实质环境的形状、尺度、质感、色彩等具体事物；内在人类长期使用的痕迹以及相关的文化事件。场所的内涵特征可以称为场所精神，使人能够确定方位，即"定向"，以确定自身的存在、自身的位置，并"认同"于环境。即人赋予环境以意义，人与环境相统一，人对环境有"归属感"。

（3）连接——域面分析法

连接的理论对城市空间来说，可以帮助城市整体的虚实空间形成内在或者外在的连接，一般有三种不同的形态。一是组合形式，如图 2.113 所示。在二维平面上组合个别建筑物，空间的连接是内敛而非外显的，较重视主体建筑物，忽视开放空间的边缘围合。如巴西利亚行政中心，如图 2.116 所示。二是超大形式，如图 2.114 所示。以层级开放的模式将个别元素连接成一个大架构，组成超大结构系统。连接是构成结构的实质因素，具有管理和工程上的优点。如香港中环城市建筑群，如图 2.117 所示。三是组群形式，如图 2.115 所示。沿公共开放空间自然积累而成，具有自然和发展的特性。这类空间内在的联系是来自于内部各个空间相互之间的关系，在内部各空间逐步集聚的过程中形成了相对集中的空间，如传统的城市和乡村聚落。

　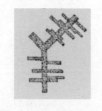　

图 2.113　组合形式　　　　　图 2.114　超大形式　　　　　图 2.115　组群形式

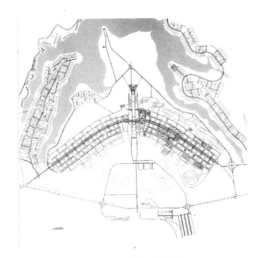

图 2.116　巴西利亚行政中心

图 2.117　香港中环城市建筑群

2.4　VR 与 AR 设计

2.4.1　VR 设计

VR 是 Virtual Reality 的缩写,中文的意思就是虚拟现实。VR 设计这一概念是在 20 世纪 80 年代初提出来的,其具体是指借助计算机及最新传感器技术创造的一种崭新的人机交互手段。虚拟现实技术可以帮助人们获取一个集视觉、听觉、触觉及其他感官模拟的虚拟环境,通过设备可以使人产生身临其境的感受和体验。

VR 硬件指的是与虚拟现实技术领域相关的硬件产品,是虚拟现实解决方案中用到的硬件设备。现阶段虚拟现实技术中常用的硬件设备大致可以分为五类,它们分别是:VR

显示设备、VR 音响设备、VR 触觉传感器及体感设备、VR 力反馈设备、VR 震动平台。

（1）VR 显示设备

按照 VR 显示设备的形态来划分，一般分为三种类型：一是 PC 端 VR；二是一体机 VR；三是移动端 VR。

第一类：PC 端 VR。

PC 端 VR 一般依托于电脑，配合 VR 眼镜。目前比较好的 VR 眼镜有 HTC Vive、Oculus Rift、PlayStation VR。

HTC Vive（如图 2.118 所示）通过以下三个部分致力于给使用者提供沉浸式体验：一个头戴式显示器、两个单手持控制器、一个能于空间内同时追踪显示器与控制器的定位系统。

在头显上，HTC Vive 开发者版采用了一块 OLED 屏幕，单眼有效分辨率为 1200×1080，双眼合并分辨率为 2160×1200。较高的分辨率大大降低了画面的颗粒感，用户几乎感觉不到纱门效应。并且能在佩戴眼镜的同时戴上头显，即使没有佩戴眼镜，400 度左右的近视者依然能清楚地看到画面的细节。画面刷新率为 90Hz，数据显示延迟约 22ms，实际体验几乎零延迟，也不会觉得恶心和眩晕。HTC Vive VR 设备从最初给游戏带来沉浸式体验，延伸到可以在更多领域施展想象力和应用开发潜力。一个最现实的例子是，可以通过虚拟现实搭建场景，实现在医疗和教学领域的应用。比如帮助医学院的人员进行人体器官解剖教学，让学生佩戴 VR 头显进入虚拟手术室观察人体各项器官、神经元、心脏、大脑等，并进行相关临床试验。

图 2.118   HTC Vive

Oculus Rift（如图 2.119 所示）是 Facebook 旗下的一款虚拟现实头盔产品，也是最早出现在玩家们眼前的一款产品。该 VR 头盔的相关设备：标配套装将会附带一个 Xbox One 手柄、Oculus 遥控器、Oculus 感应器和麦克风。其设备参数如下：

分辨率：960×1080

屏幕：5.7 英寸 OLED

刷新率：75Hz，72Hz，60Hz

视野：100 度

传感器：加速度计，陀螺仪，磁力

连接方式：HDMI，USB 2.0，USB 3.0

Oculus VR 公司在 2014 年 3 月被 Facebook 收购，该设备不仅应用于游戏领域，还将涉及通信、媒体、娱乐和教育等领域。目前，已支持 Oculus Rift 的游戏有：《Adrift》《梦意杀机》《日光》《尘埃拉力赛》《精英：危机》《欧洲卡车模拟 2》《超级房车赛》《半条命 2》《半条命：起源》《Hawken》《赛车计划》等。

图 2.119　Oculus Rift

PlayStation VR（如图 2.120 所示）以前以开发代号 Project Morpheus 为名，在 2015 东京电玩展索尼发布会上，索尼公司为其旗下的 **VR 头显**（虚拟现实头戴式显示器）正式更名为 PlayStation VR。PlayStation VR 产品售价 2999 元人民币。其中包括：VR 头盔、处理器单元、VR 头盔连接线、HDMI 线、USB 线、耳机、电源线、电源转换器。设备参数如下：

分辨率：1920×1080（单眼 960×1080）

屏幕：5.7 英寸 OLED

刷新率：120Hz，90Hz

视野：100 度

传感器：加速度计，陀螺仪

连接方式：HDMI，USB

图 2.120　PlayStation VR

PlayStation VR 目前已知有十几款首发游戏，包括《夏日课堂》《PlayStation VR 世界》《RIGS》《直到黎明：血脉贲张》《初音未来 VR 未来演唱会》和《弹丸论破 VR 学级裁判》等。

第二类：一体机 VR。

一般来说，VR 一体机都会内置有应用和视频内容平台，方便用户直接下载观看。从内容平台的内容丰富度来说，微鲸 VR 一体机的表现最好，因为微鲸本身就有着丰富的影视内容优势，而微鲸 VR 一体机也结合了微鲸独家的 VR 直播内容，包含一些明星 MV、演唱会等。大朋 M2 的内容平台上游戏数量最多，平台也比较开放，支持从外部来源的安装游戏（但未必能够运行）。另外其接入了华数视频平台，视频数量和质量相对来说较好一些。IDEALENS K2 的内容平台会更加封闭一些，不过它也内置了优酷、UtoVR 等的第三方 VR 视频平台，有足够多的视频可以选择。

微鲸 VR X1（如图 2.121 所示）参数如下：

分辨率：1440×2560

屏幕：5.7 英寸 AMOLED

视野：96 度

传感器：9 轴传感器：重力＋陀螺仪＋地磁，距离传感器

连接方式：HDMI，USB 2.0，Micro-USB

图 2.121　微鲸 VR X1

大朋 VR 一体机 M2（下称 M2）如图 2.122 所示，整体采用塑料材质，主体为银色磨砂。背面是黑色弹性面罩，为可拆卸设计，出产多附送一个面罩供备用。作为一体机，M2 是将三星 S6 内置在 VR 眼镜中，和 S6 一样，搭载三星 Exynos 7420 八核 64 位处理器，GPU 是 Mali T760。M2 采用 3GB+32GB 的存储空间，还支持最大 128GB 的 TF 卡存储拓展，内置了 3000mAh 锂离子电池，官方标称续航 3 小时。其参数如下：

分辨率：2560×1440

屏幕：AMOLED 2K 屏幕

视野：96 度

传感器：距离传感器，温度传感器，陀螺仪，加速度计，磁力计

调节功能：0°～600°近视调节旋钮

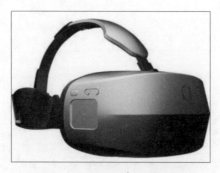

图 2.122　大朋 VR 一体机 M2

第三类：移动端 VR。

移动端 VR 是指需要配合智能手机使用的 VR 设备。因为所有的计算和渲染过程都是要通过手机来完成的，所以此设备对手机配置要求较高。典型的代表产品有：谷歌 Cardboard 和三星 Gear VR。

Cardboard（如图 2.123 所示）是一个廉价的虚拟现实装置，全套装配包括几块硬纸板、透镜、磁铁、橡皮筋。通过智能手机和纸板透镜，可让用户 DIY 一套虚拟现实"眼镜"。Cardboard 除掉手机外的部件总共只要 19.95 美元。需要注意的是，Cardboard 只适用六寸以下的智能手机，视野为 90 度。

图 2.123　Cardboard

三星 Gear VR（如图 2.124 所示）是移动端头显设备，可玩 VR 游戏、看超宽银幕电影等类似的娱乐活动。支持手机型号 Galaxy Note 4、Galaxy S6、Galaxy S6 edge。佩戴舒适的头带设计且透气性好，可边使用边充电。

图 2.124　三星 Gear VR

以上是 VR 的显示设备介绍，不论是哪种类型的 VR 设备，用户都可以根据自己的需求进行选择。

（2）VR 音响设备

VR 音响设备与其他音响设备类似，只是对环绕性、立体性要求更高一些，因为需要营造强烈的氛围，让体验者置身其中。

锐丰智能专业音响 VR112（如图 2.125 所示）是一款具备垂直阵列、水平阵列、耦合点声源阵列等多种应用功能于一身的阵列扬声器。锐丰智能专业音响单只音箱水平角度为 22.5°，16 只组成水平阵列时，形成 360° 水平覆盖耦合为连续的等相水平波阵面，且呈柱面波特性。根据其安装方式灵活多变的特点，非常适合在各种类型的流动场所和固定场所安装。

图 2.125　锐丰智能 VR 线阵列系列扬声器 VR112

高频（HF）：高频应用内置相位塞式声透镜技术（PWH），使其严格符合线阵列耦合技术特性。

低频（LF）：低频应用外压式相位板技术，有效提升低频的耦合特性，优化低频相位响应。

系统类型：二分频单驱动单 12 寸阵列音箱频率响应，50Hz ～ 18kHz（±3dB）/45Hz ～ 20kHz（-10dB）

灵敏度（1W/1m）：100dB

额定功率（AES）：400W

分频点：1.1kHz

低音单元：1×3″（3″音圈）

高音单元：1×12″（3″音圈）

覆盖角度：22.5°（H）×90°（V）

最大声压级（连续/峰值）：132dB/138dB

连接件：2×NEUTRIK NL4MP 四芯插座，1+1-

尺寸（H×W×D）：381×716×400（mm）

重量：25.5（kg）

（3）VR 触觉传感器及体感设备

VR 触觉传感器目前大部分体现在手部设备，如手柄、手套等；VR 体感设备现在常见的是 VR 座舱或座椅。

第一类：VR 手柄。

VR 手柄一般含在 VR 显示设备里面，HTC、Oculus 的设备里面均含有手柄。对游戏而言，VR 手柄是一个必需品。在游戏当中部分操作可以通过重力感应或是鼠标一类的进行操作，但大多数的控制操作还是需要搭配手柄才能更好更快地进行操作，带来更好的体验。下面以 HTC 手柄为例，对其进行分析。

HTC Vive 手柄（如图 2.126 所示）左右手各一个，其实是两个手柄。这个是目前市面上的手柄设备里面功能最全的，配置最高的，在它的手柄上设计有很多用于捕捉动作的传感器，是体验极佳的一款设备。它的优点就是配置高、灵敏度高，握持感佳，按键灵敏，同时有枪战射击游戏的扳机键，双手自由度和活动范围大，内置锂电池。对于初学者在使用上需要适应一段时间。HTC Vive 的 VR 手柄还可以实现与其他设备的联动，比如电视、空调等。手柄的持握感有些接近老式大型家用电视的遥控器，但符合人体工学，手感更好些，按键少，满电后可连续使用 4 个小时左右。更主要的是带有触摸功能，可以用来进行精密动作的微调。滚轮的设计可以在射击游戏中用于顺序切换武器。作为一款高端的游戏手柄，功能当然不仅仅如此。它可以根据你手掌的动作变化而在游戏中执行相应的动作或是进行对应的切换，比如握紧拳头是执行捏住、拿起操作，同时手柄也会以悬浮的方式在画面中进行显示。这只是一个简单的用例说明。

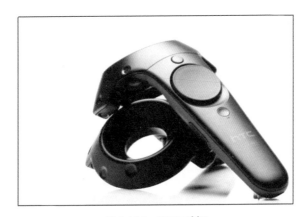

图 2.126　HTC 手柄

第二类：VR 手套。

VR 手套（数据手套）是一种多模式的虚拟现实硬件，通过软件编程，可进行虚拟场景中物体的抓取、移动、旋转等动作。也可以利用它的多模式性，将其用作一种控制场景漫游的工具。数据手套的出现，为虚拟现实系统提供了一种全新的交互手段。目前的产品已经能够检测手指的弯曲，并利用磁定位传感器来精确地定位出手在三维空间中的位置。这种结合手指弯曲度测试和空间定位测试的数据手套被称为"真实手套"，可以为用户提供一种非常真实自然的三维交互手段。

VR 手套（如图 2.127 所示）与 VR 手柄一样，都是为了更好地呈现 VR 产品而存在的。VR 手套在当下市场特别火热，因为相较于手柄来说，其使用起来更为便捷。现在市场上较为知名的数据手套包含以下几个种类：5 触点数据手套（主要是测量手指的弯曲，每个手指有一个测量点）；14 触点数据手套（主要是测量手指的弯曲，每个手指有两个测量点）；18 个传感器触觉手套；28 个传感器触觉数据手套；骨架式力反馈数据手套。各类手套的代表品牌如下：虚拟现实数据手套有 5DT 数据手套、Cyber Glove、Measurand ShapeHand 数据手套等；力反馈数据手套有 Shadow Hand、CyberGlove 等。

图 2.127　数据手套

第三类：VR 座舱。

VR 体感设备是为了与 VR 应用配合起来实现更好的效果，能够增强体验的真实性。目前市面上所见的体感设备有 VR 座舱、体感背心。

VR 座舱（如图 2.128 所示）是基于 DEEPOON 技术开发的 VR 游戏座舱，是一种数码电脑座椅。通常是高碳冷轧钢材、软皮座椅设计，搭配电动按摩系统和碳纤维加热系统。

据了解，座舱设备在虚拟现实产品开发方面得到了国内广大游戏经营者的高度认可。座舱设备可以提供最丰富的 VR 体验，性能更强大、体验更沉浸、保真度更好。除了无边际的画面，还有上下起伏的动感、环境和物理特效的冲击，体验效果比普通头显好很多。

图 2.128　VR 座舱

光荣公司计划于 2018 年 8 月推出一款"超五感"的大型虚拟现实设备"VR Sense"，这是一款包括 3D 座椅在内，号称能够提供触感、气味、风、温暖、凉爽、雾气等感觉的基于 PSVR 的大型虚拟现实设备。光荣公司在现场活动中展现了这款设备，同时还展出了五款游戏，这五款游戏也会推出 PSVR 版，分别是《死或生：沙滩排球 Sense》《超真三国无双》《超战国过山车》《G.I. 骑手 Sense》和《Horror Sense:

Daruma-san ga Koronda》。

除了以上列出的三大类 VR 硬件设备，还有 VR 力反馈设备与 VR 震动平台两类。从某种程度上看，这两种设备与前述的触觉传感及体感设备相似，主要用于刺激人的感官系统。

2.4.2 AR 设计

AR 是 "Augmented Reality" 的缩写，即增强现实，有时也被称为混合现实。它是通过电脑技术，将虚拟的信息应用到真实世界，使真实的环境和虚拟的物体实时叠加到同一个画面或空间，二者可以同时存在，由此达到增强现实的效果。

AR 是采用对真实场景利用虚拟物体进行"增强"显示的技术，与虚拟现实相比，具有真实感强、建模工作量小的优点。比如海洋博物馆中，有一处展示深海鲨鱼的场景，该场景看起来很简单，只是一片空地，可是当观众走入展览区域之后，触动相应的机关或者被红外线扫描到相应的肢体动作时，空地中便会出现鲨鱼跳跃的场景，感觉就在眼前一样，十分真实。可是现实中那一片空地就只是单纯的空地，并没有真的鲨鱼存在。跳跃的鲨鱼只是计算机制作出来的，并且配合相应的感应和显示设备完成的一套传感动作。这就是 AR 在展览方面的一种应用。相较于传统的海洋展览馆展示效果而言，利用了 AR 技术的展览效果肯定比传统的更为真实、更为震撼。AR 技术所带来的临场感、互动感会更符合人们所追求的切身感受，如图 2.129 和图 2.130 所示。

图 2.129　传统的展览模式

图 2.130　AR 技术展览效果

简而言之，AR 技术就是可以将二维图片以三维立体的效果呈现出来，根据需要可以利用眼镜或其他硬件设备的配合，也可以用肉眼观看到效果。AR 技术在生活中运用时比较便捷，能增强人们的互动积极性，为生活增添许多趣味。现在，AR 技术在医疗、军事、旅游、展览等领域中运用得较多，它所呈现出来的效果和作用比较明显。可以预见，AR 技术在现实生活中各领域的应用一定会越来越多。

2.4.3 VR 与 AR 的区别

（1）虚拟的程度和范围不同

VR 全部都是虚拟场景，不论是看到的、听到的、触碰到的全部都可以制造出来。AR 是一半虚拟、一半现实，比如用手机镜头看真实的场景，当看到某一真实的元素的时候，

触发一个程序来加强体验。通俗来讲，VR 全部都是假的元素，参与者将会完全融入到虚拟环境当中，而 AR 则是半真半假，真实的和虚拟的将会同时环绕在参与者周围。

（2）常用装备不同

VR（虚拟现实）和 AR（增强现实）装备最简单的区别是：VR 是把虚拟的体验还原到现实（个人），会运用各种穿戴设备，例如 Oculus Rift、Cardbord、Gear VR、HTC Vive，如图 2.131 至图 2.134 所示。AR 是通过摄像头（重点）把现实和虚拟融合在一起，多数是基于摄像头的软件来实现。常用设备包含手持设备（手机、pad 等）、固定式 AR 系统（如虚拟试衣镜）、头戴式显示器（如 Google glass）。

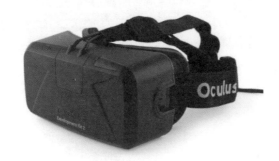

图 2.131　Oculus Rift

图 2.132　Cardbord

图 2.133　Gear VR

（3）技术特点不同

VR 的技术特点：VR 可以模拟人的全部感知，不论视觉、嗅觉、触觉，还是其他肢体感觉，让人有一种身临其境的感觉，有时甚至难辨真假。另外，VR 有很强的交互性，在虚拟世界当中，由于所见所闻都是模拟现实世界，包括物理性能，所以人们若是沉浸其中，所有的动作语言都可以如现实世界当中的体验一般。

图 2.134 HTC Vive

AR 的技术特点：AR 可以实现虚拟事物和真实环境的结合，让真实世界和虚拟物体共存。满足用户在现实世界中真实地感受虚拟空间中模拟的事物，增强使用的趣味性和互动性。

二者最大的区别在于：VR 是全虚拟世界，而 AR 是半虚拟世界。

本章小结

本章介绍了各类设计的特点和设计方法。就目前比较热门的设计门类来看，大致包括工业设计、机械设计、环境设计、建筑设计、室内设计、服装设计、网站设计、平面设计、影视动画设计等几个大类，VR 设计作为新技术近几年越来越受到重视。

首先介绍了视觉传达设计，包含字体设计的基本概念、发展历史、基本原则和方法；标识设计的基本概念、发展现状、基本原则和方法；书籍装帧设计的基本概念、发展历史、基本原则和方法；广告设计的基本概念、发展历史、基本原则和方法；VI 设计的基本概念、原则和方法；插图设计的基本概念、原则和方法；包装设计的基本概念、原则和方法。视觉传达设计涵盖内容广泛，每一个分支都有着自身的发展特点与设计方法。

其次分析产品设计的手工艺品设计、家具设计、服装设计、日用品设计、交通工具设计、纺织品设计的特点及设计方法。好的产品设计，不仅表现在功能的优越性，而且便于制造，生产成本低，从而使产品的综合竞争力得以增强。

再次针对空间设计的各个类别展开叙述，包括建筑设计、室内设计、园林景观设计和城市规划设计。空间设计在某种程度上来看是实用性特别强的设计种类，其中所包含的地理、环境、声光电、整体与局部、色彩与心理、虚空间设计等内容，具有独特的专业性，是设计里的一个重要领域。

最后，在了解了基本设计内容之后，窥探新的设计门类——虚拟现实（VR）设计。虚拟现实技术可以帮助人们获取一个集视觉、听觉、触觉及其他感官模拟的虚拟环境，通过设备可以使人产生身临其境的感受和体验，它是一种崭新的人机交互手段。除此之外，还有一项新兴技术——AR 技术，它与 VR 是虚拟现实领域应用最为广泛的两项技术。二者最大的区别在于：VR 是全虚拟世界，而 AR 是半虚拟世界。

第 3 章
VR 设计要素

VR 设计是一种基于用户体验的设计，所以设计要素和其他设计类似，同样包含了以下几个内容：人、艺术、科技、经济和市场。每一项内容都是与人发生关系的，不论是直接的或是间接的，都能对人的体验感受起到一定影响作用。

3.1　设计与人

设计与人，其实这个人不仅仅是指用户，还包括和产品有直接或间接联系的人，比如生产商、销售商、设计师等，好比生物链一般，每一个角色都能起到很大的作用。

3.1.1　设计与人的关系

设计与人的关系是影响设计最终效果的直接因素。我们一般认为，设计是为了客户，是为了对象，其实客户和对象不是单单指的一个人或者一个群体。比如一套房子的 VR 样板间作品的设计，可能会涉及到哪些对象呢？

（1）客户（购房者）。我们都知道，现在随着技术和生活节奏的快速发展，人们已经逐渐习惯了高科技在生活当中的运用。以前传统的样板间设计既浪费材料和资源，又不能让远在千里之外的人及时感受到样板间的效果，所以传统样板间慢慢将会被 VR 样板间替代。作为购房者，显然是体验这套系统的最重要对象。

（2）出资者（房地产商）。要为客户提供 VR 资源，首先得有人组织和牵头做这项规划，有人出资，项目才能得以进行和完成，这个人就是房地产商，也是项目的出资人。所以，此出资人也是 VR 样板间系统设计项目里的重要对象之一。

（3）合作者（设计公司）。众所周知，有人提出项目需求就必然有设计公司或个人接单，接单的人需要具有 VR 设计的技术和本领，由此才能保证 VR 样板间系统完整地呈现在人们眼前。

（4）硬件提供者（VR 设备商）。当所有的系统内容被设计开发出来之后，若想展示在客户眼前且供给人们使用，必然需要硬件设备，比如 HTC 设备。VR 设备商是保证内容展示出来的决定对象，没有设备，内容再好客户也无法体验。

（5）其他对设计过程将会产生影响的对象。当一个 VR 样板间系统被开发出来之后，其实体验者并不一定只有购房者。对于家装行业来说，同样需要 VR 样板间系统。比如一个客户想知道自己家的户型能设计成哪几个模样，而 VR 样板间可以通过设备直接让客户

看到几种不同风格的装修效果，这是非常便捷的一种方式，且效果很好。

总之，除了以上这些对象以外，在 VR 设计当中只要是和 VR 硬件、软件（内容）相关的对象，都是需要考虑的。因为每一个对象的存在都极有可能对 VR 产品的最终效果产生一定的影响。

分析使用对象可以采用图表对其进行归类，如一个 VR 样板间设计，是一家 A 房地产公司委托 VR 设计公司制作的项目。为了获得更有价值的设计启发，设计者可以采用图表的方式对所有可能涉及到的对象进行归类，详细分析见表 3.1。

表 3.1 分析使用对象

对象分类	对象名称	项目中的角色
购买者	其他房地产商 家装设计公司 家具销售公司 开设家装设计专业的学校 培训机构	客户
出资者	A 房地产商	出资人
合作者	VR 设计公司 家装设计公司（提供设计方案和设计模型） 其他房地产商（提供户型图） 硬件公司（提供 VR 硬件设备） 广告商（用于推广）	合作方（含硬件、软件内容、后期推广等）
用户	购房者（更直观了解欲购买户型的装修效果） 装修需求用户（可欣赏装修效果） 开设家装设计专业的学校（领导、师生） 其他房地产商（推广楼盘）	使用对象（含同行业竞争者）
监管部门	消防部门（检测消防是否合乎规范） 材料部门（检测材料使用情况是否合乎标准） 建筑监管部门（检测与监管 VR 样板间实施的可行性与安全性能，以确保 VR 样板间的真实性，不至于停留在视觉阶段）	检测与监管 VR 样板间的设计实施可行性及安全等级

3.1.2 人对设计的影响

人对设计的影响，可以结合人与设计的关系来进行分析。还是以前述的 VR 样板间为例。

（1）客户（购房者）的身体、心理、视觉等体验感受，将直接影响 VR 设计师的思路。设计师需要考虑到客户的各项人机工程尺寸、视觉习惯及适应范围、心理承受能力及心理联想等。如果设计师不考虑这些因素，那最终作品极有可能并不适应客户的需求，从而导致没有人愿意买单。

（2）出资者（房地产商）的出资额度及所需达到的目的，都将会直接影响 VR 作品的最终效果，就好比"一分钱一分货"。当然，其他任务和项目需求根据实际情况来看，比如公益类项目，即使没有任何资金，也是需要尽力而为的。另外，出资者的最终目的是为了销售还是为了展示，或者是其他别的目的，这些对设计的要求都会不同，那么设计师制作出来的内容也都会有所区别。

（3）合作者（设计公司）的设计水平和技术水平会直接影响 VR 的内容水平。现在 VR 技术人员非常缺乏，培养这方面的人才非常急迫，同时也是非常困难的。毕竟对于高校来说，想要培养这类人才，首先需要师资，其次还需要足够的硬件设备。再者，VR 方面的设计师不光需要专业的美术知识，还得有相关的行业经验、足够的人文素质、艺术涵养、程序撰写、UI 设计相关知识等。

（4）硬件提供者（VR 设备商）对设计的影响。其实最明显的便是如何能让产品便于销售，这也是与市场对接最多的人群，他们对设备的要求就是如何在市场中立足和畅销。因此，对设计师提出的要求将会多集中在外观和硬件参数方面。

总之，不论是硬件对象还是软件对象，都有相对应的使用者，所以一定要尊重使用者的意愿，然后站在专业的角度去审视每一个 VR 设计作品，这样生产出来的作品才是符合各领域需求的。

3.1.3　以人为本的设计理念

以人为本的设计理念就是指以人性的需求为衡量一切外部事物的基本标准。我们身边的设计，都是伴随着人们的需求、某种目的而进行创造的活动。VR 设计有着自己专属的专业属性，以人与自然、环境、机器等的协调发展为任务，为不同的使用者提供令人满意、舒适的体验作品。

这里的以人为本，并不是全部都以人的欲望和需求为唯一标准，而是有辨别性的、选择性的服务于人类，尽可能为人们提供完善的、积极的体验系统。

（1）"以人为本"可以帮助设计师找寻到目标，明确设计的走向。比如设计师了解了 VR 系统所面临的使用对象，便已经对设计的目标和需求有了一定的方向。但是个性化的差异是存在的，设计师还需要与客户进行面对面沟通，进一步明确设计的走向和细节，了解他们的利益和需求。

（2）"以人为本"的设计理念可以帮助设计师解决 VR 设计过程中遇到的问题。比如设计一款 VR 游戏，用户到底是喜欢红色的背景还是喜欢蓝色的呢？在进行交互环节设计的时候，是设计得简洁明了，还是设计出需要客户稍微动点脑筋的交互模式呢？等等。这些都要基于使用对象的利益进行分析。所以说以人为本的设计理念能帮助设计师在设计过程中设计出更为丰富的产品。

（3）"以人为本"的设计理念可以帮助设计师在设计过程中把控住一个边界点，也就是对不同人群开发不同的内容，设计出"因人而异"的产品。以"VR"游戏设计为例，我们都知道，之于游戏体验来说，大一点的孩子希望从游戏中寻找乐趣，小一点的孩子则不能沉溺于游戏。那么在面对这一问题的时候，设计师在同样的游戏设计过程当中，如何把握一个尺度，既能够满足小朋友乐趣，又能帮助孩子们适可而止，这是非常重要的。"以人为本"的理念可以促使设计师主动对使用对象群进行分类分析和定位，从而作出准确的判断与设计。

（4）"以人为本"的设计理念能够帮助设计师明确自身职责，自觉维护设计界或者

网络界的安全。以人为本应该有一个尺度，用以衡量人的需求是否合理、合法，而不能满足所有的需求。设计师是掌握这一个尺度最直接的人群。比如，VR 设计的内容涉及到信息安全，那么对此一定要引起设计师的重视，不能一味满足任务下达者的要求。从某种程度上来说设计师是承载了一定监管责任的，必须严格要求自己。

3.2 设计与艺术

设计与艺术是相互融合又相互区别的两个对象。设计不仅需要美，同时还需要有一定的功能，但是艺术可以没有功能。我们可以理解成：设计是创造美的过程，艺术是创造出来的美的结果。

3.2.1 设计与艺术的关系

设计与艺术两者共同发展至今，产生了许多区别。

（1）早期设计与艺术的关系

在古代，设计与艺术的活动是融为一体的，早在瓦萨里对设计的概念定义中就有提到："设计是建筑、绘画、雕塑的父亲，它是一种特殊的艺术。"而艺术类别中也包括雕刻、绘画等，由此可以看出设计与艺术在早期的时候其实是同一个含义，只是不同的名词而已。

（2）中期设计与艺术的关系

近现代，设计与艺术的概念主要以包豪斯提出的三个观念来进行阐释：一是艺术与技术的新统一；二是设计的目的是人而不是产品；三是设计必须遵循自然与客观的法则来进行。包豪斯典型地代表了艺术推动设计，是艺术与设计相结合的成就。众所周知，在 19 世纪下半叶的时候，工业化盛行，实用性建筑急剧膨胀。一段时间过后，人们对冰冷的建筑风格产生了厌倦，由此"工艺美术运动"和"新艺术运动"爆发。世界各地的艺术家们开始对旧建筑进行改造设计，如英国水晶宫、巴黎埃菲尔铁塔、纽约世贸大厦。这些建筑的落成，不仅使人重新在自己的生活环境中找到了美，找到了生活气息，用时也为艺术家自身创造了新的称号"设计师"。综上，近现代的设计师大多就是艺术家。

（3）后期设计与艺术的关系

现在人们所说的"设计"是指人们将要创造产品的前期构思、以及实现这个构思的整个过程，设计是一种创造性的活动。设计里面需要融入艺术，由此才能设计出具有一定审美标准的对象。这就好比一部优秀的影片需要导演、演员、编剧、音乐家、舞蹈家、舞美设计师等密切合作，方可实现理想效果。所以，现在的社会，设计与艺术是相濡以沫、紧密合作的关系。

由此可知，最早的设计源于实用需求，而现在设计的发展趋势是满足人们的精神需求。

3.2.2 艺术对设计的影响

每一个设计师或者艺术家在进行创作的时候，都会把自己的主观意志和审美取向投入到作品当中，所以每一个作品都是独特的。艺术对设计的影响体现在以下几个方面：

一是艺术思想可以为设计者提供大量的营养。比如中国传统美学观中的"写意""韵味"等，可以帮助设计师创造出"形神兼具"的作品。

二是艺术能够美化设计产品、助力市场竞争。设计师设计出来的产品进入市场时，若想实现促销的目的，除了实用以外，便是美观。所以，通过艺术手段美化设计产品之后，能够帮助产品实现较为实际的经济价值。

三是艺术可以增强设计作品的感染力。我们都知道，每一件艺术品都是一种潜在的刺激物，刺激着我们的视觉和精神，能够给人留下深刻印象。设计的作品如果具有很强的艺术气息，还能够增强设计作品的感染力。

3.2.3 设计中的艺术美

在了解了艺术与设计的关系以及相互之间的影响之后，我们需要学会如何分析设计中所存在的艺术美。建议从以下几个方面进行评判：

一是奇妙的色彩之美。VR 设计作品中的色彩会有冷暖区分，冷暖色调的把控、比例的搭配以及各种颜色之间的穿插等，都会产生奇妙的美。比如 VR 游戏"太空之美"，为了实现太空的神秘和梦幻效果，整体采用蓝色调，配以绿色和橙黄色，体现出太空的多样特效，使整个色调不显得单调，如图 3.1 所示。

图 3.1　VR 游戏——太空过山车色彩效果

二是赋予心理暗示的形状之美。比如，在日常生活当中，人们大多喜欢圆形的物品，因为它看起来显得更为坚固、厚重。同时圆形是没有边界的，看似可以无限扩展，随时都处于运动状态，是最简单的一种形状。在 VR 作品当中，在进行场景模型制作和设计的时候，设计师们也会青睐于圆形。因为人们在体验 VR 作品的时候，是戴上眼镜的，适当出现圆形物体，可以减少视觉生硬感，这种感受与 VR 眼镜的特性有很大关系。

三是产生身临其境的音效之美。人的感官除了视觉刺激最为直接以外便是听觉。美妙的合乎场景的音效设计，能够为 VR 作品增添光彩。比如 VR 真人模拟带有恐怖性质的游戏，若是配上欢快的音效，肯定达不到理想的效果；相反，欢快类型的 VR 游戏，如果配上静静的轻音乐也是不搭调的。除了类型匹配不能出错以外，还需要对音效的节奏、

特效处理进行一定的规划和设计。

除了以上几点以外，设计当中还有许多地方可以渗透艺术美，都需要我们用心去发掘和创造。

3.3 设计与科技

在设计的发展过程当中，我们随处可见科技的影子。在日常生活当中，一种新的技术出现时，必然会被运用到设计当中；同时，人们产生一种新的构思设计时便会催生出一种新的技术。总体来说，二者是一种辩证又统一的存在关系，它们都是人类认识世界和改造世界的有力手段。

3.3.1 设计与科技的关系

（1）科学技术促进设计思潮的产生。比如工业革命之后的设计相比之前的风格更为简洁，这与当时的社会环境有很大的关系。自从工业革命产生之后，人类的生活方式发生了翻天覆地的变化。手工业劳动迅速转变成工业生产，新型能源与新材料的诞生及运用，促使设计中的材料、构成元素等发生变化，为设计带来全新而广阔的发展空间。

（2）科学理论推动着设计的发展方向。众所周知，现代设计与现代知识体系紧密相连在一起，设计和科技是共同发展的趋势。比如现代比较热门的人工智能技术研发，促使着虚拟现实设计日新月异不断地发生着变化。

（3）设计是展现新技术的一个载体，反之亦然。所有设计作品都需要技术来呈现，也就是说设计不单单只是设计便可，它需要利用技术将其展示出来。比如室内设计，设计师将其设计得再完美，都需要借助施工技术将其实现。

3.3.2 科技对设计的影响

前文已提到，设计与科技之间的关系是相辅相成的。那么，科技究竟对设计有哪些影响呢，我们试着从以下几个方面进行分析：

一是科技推动设计发展。一项科技的发明，必然需要配合更新的设计理念，这样才能不断适应人们日益增长的物质和精神需求。很多年以前，我们没有高新技术来建设高楼大厦，人们只能居住在一层、二层、三层的楼房当中。但是随着社会发展速度越来越快，用地面积日益紧张，人们开始发明新技术来充分利用有限的土地，建造出更丰富更大容量的建筑空间，这些便是科技的发展所带来的变化。相应地，设计师的水平也需要不断提高，设计出符合人们审美标准和居住标准的空间。

二是科技材料促进设计改进。最为原始的例子便是实用型设计类，比如服装、室内软装，不同的材料将会体现不同质感和效果，由此便会拉开设计的差距。设计作品的好坏有时候并不仅仅靠设计本身，材料用的好不好、用的是否恰当、是否符合消费者喜好等，都是很重要的细节。

三是科技为设计提出新挑战。前面有提到，每一项新技术的产生都将促使设计的发展和改变。在这样一番循环之下，科技的进步将会抛出一个又一个问题，设计便是针对这些问题，迎难而上。

四是科技理论成为设计的导向。我们都知道设计是需要理念支持的，一个好的设计作品，往往具有人们深思和渴望的设计思想，这份思想才是设计的灵魂。科技在发展过程中形成的理念会引导设计的发展方向。比如虚拟现实设计、三维空间技术、人工智能技术的发展等，形成了一种新型的交互设计理念，而这套理念正指导着 VR 设计的未来发展方向。

总之，科技对设计产生的作用是非常重大的，我们要重视其在设计中的运用，并且尝试着有效地利用科技手段丰富设计效果。

3.3.3 设计中的科技感

设计中的科技感涵盖了方方面面，比如室内设计行业、工业设计行业、可穿戴电子设备行业等，说明如下：

一是室内设计中的科技感。以办公室装饰设计为例，办公室设计中的科技感，要用专门的设计手法才能把这些特性表达出来。如装修材料会大量采用金属材料、合成材料、玻璃材料以及新材料，利用新技术、新工艺；在造型等设计方面也采用了非传统的构造表达方式；在构造元素上采用精制加工金属、玻璃成品组装件；在采光方面上也是以自然光线为主，如图 3.2 所示。

图 3.2　具有科技感的办公空间效果图

二是工业设计中的科技感。比如汽车设计、VR 座椅设计（如图 3.3 所示）等。在材料方面，大多采用亮光镜面效果的材料；在色彩方面，大多采用诸如白色、灰色、蓝色之类的清冷色系，以纯色为主，黑色加以点缀。

三是可穿戴电子设备设计中的科技感。随着移动互联网的发展，可穿戴电子设备从幻想走向现实，慢慢改变了现代人的生活方式，在医疗器械、智能移动终端、运动健身等领域大力呈现。医疗器械诸如助听器，智能移动终端诸如虚拟现实眼镜，运动健身诸如 VR 穿戴设备（如图 3.4 所示）。

图 3.3　具有科技感的 VR 座椅设计

图 3.4　具有科技感的 VR 跑步机

由此可见，设计中的科技感是通过色彩、材料、造型等多方面进行呈现的。其中造型是基础、色彩和材料是升华，将三者处理好便是设计成功的保障。

3.4　设计与经济

设计的价值除了艺术本身的价值以外，还通过科技的手段将其展现出来，然后再在社会经济活动中得到价值体现，这种价值体现就是经济市场。

3.4.1　设计与经济的关系

（1）设计与经济紧密相连、相互促进、共同繁荣。一般情况下，经济是设计的基础，它为设计提供发展空间和平台；而设计又会推动经济的进一步发展。

（2）经济的运行将会推动或阻碍设计的繁荣。历史上，但凡是经济高速发展时期，设计也是非常繁荣的。比如工业革命时期的英国，经济、文化为设计发展提供了充分的营养和支撑。但是，当经济开始出现衰败的时候，必然也会影响设计发展。比如20世纪30年代的英国，在经过战争打击之后经济一度衰退，其设计也无过多的发展和进步。

（3）经济发展的重点对象会改变设计领域的重点。比如一直以来以工艺美术为自豪的广州美院，在改革开放初期，由于社会对产品设计、广告设计、环境艺术设计等的需求量增加，不得不将工艺美术系改为设计系，由此设计人才便应势而快速增多，设计作品也相应逐步增加。

3.4.2 经济对设计的影响

（1）经济对设计的色彩取向会产生影响。比如经济繁盛时期，设计的主流色彩一般会呈现出多元化的样式，且暖色调运用较多，这与人们的满足心理和自信心理有很大关联。相反，经济低落时期，色调往往偏向冷色系。

（2）经济对设计的材料选择会产生影响。我们都知道，材料是有价格区别的，那么经济投入的多少将直接决定选材。例如室内装修，不管设计风格是什么，我们要想实现装修，必然需要选材料，那么经济投入的多少将直接决定材料的使用档次。当然了，并不是越贵材料越好，设计师在选材的时候需要多方面进行考虑。

（3）经济对设计的造型及风格会产生影响。人们在心理和物质都得到满足的时候，大多喜欢圆润一些的物品，反之，则喜欢奇形怪状的或者尖锐一些的物品。这是由于经济对人们的生活产生了极大的影响，同时也会作用到设计当中。比如家具设计，经济繁盛时期的家具一般比较精致，体现富贵气息；经济衰败时期的家具一般很简洁，体现朴素风格。

3.4.3 设计中的经济观

首先，建筑设计体现经济观。建筑是人们时常看到且体验的空间，是日常生活中的重要场所。这样的场所在进行设计之时最能体现经济观。前面谈到设计与经济的关系时便已经指出：经济的实力将直接决定设计的效果。是的，建筑是最为明显的，设计师们在进行建筑设计之时，不光要考虑其造型、选材、体量大小等，还要考虑结构、内饰，这些都与经济有着紧密的联系，如图 3.5 和图 3.6 所示。

图 3.5 简单装修

图 3.6 豪华装修

其次，产品设计体现经济观。产品围绕在我们周围，处处可见可用。产品与人的关系最为密切，比如我们的生活用品、交通工具。这些最为平常的物品是设计行业的主要收入来源，所以我们的产品设计一定要体现出经济价值，否则将会成为空谈，如图 3.7 和图 3.8 所示。

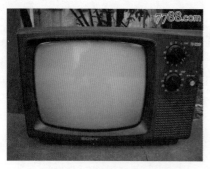

图 3.7　索尼老式电视机

图 3.8　索尼液晶电视机

最后，虚拟现实设计体现经济观。现在最为热门的虚拟现实产业，是经济发展和社会需求的产物，人们对于二维世界的探索和认知已经达到一定水平，急于渴望探索新的三维世界。现在虚拟现实行业发展还不是特别稳定，各个方面还有许多难题要解决，所以设计成本相对较高。那么要制作出一个好的虚拟现实作品，经济支出一定不容小觑，所以通过一个 VR 产品便可以看出其背后出资者的经济实力。比如两家房地产公司都需要有三维展示效果的样板间，一个采用一般的三维全景漫游的形式进行展示；另外一个采用 VR 技术进行模型和效果制作，给用户提供多样化的体验场景或效果。相比之下，后者成本将会远远高于前者，收获肯定也会大于前者。

3.5　设计与市场

设计除了设计本身的各个要素以外，便是市场。市场是检验设计好坏的标准之一，因为市场的主要组成部分就是消费人群。随着经济发展与社会进步，人们对设计产品的要求会越来越高，对体验方式的要求也会多样化，设计必须考虑到市场这一主要因素。

3.5.1　设计与市场的关系

（1）市场的发展促进设计繁荣。这与其他几大因素一样，都与设计有着相互促进、共同繁荣的关系。我国在改革开放之后，市场经济一度开放起来并开始飞速发展。人类文明和审美情趣的不断提高对设计提出了更高的要求。

（2）设计促进了市场经济的发展。比如汽车行业，人们往往是出于对新奇事物的渴望所以对旧款式的汽车产生厌倦。其实旧的汽车并不是不能使用了，只是款式不再新颖。在这样的一个背景之下，设计师便会不断更新设计，创造出新的产品，以此满足市场需求。

（3）设计需要适应市场。也就是说，设计出的产品必须符合和满足消费者的需求。市场的消费需求和动态将会决定企业的产品开发和设计方向及定位，所以设计师们需要了解市场、挖掘市场，寻求市场的真正所需。只有当产品设计中融入了消费者的喜好及满足了消费者的心理诉求，才能吸引到更多忠诚的消费者，创造更多的商业价值，以此推动市场的繁荣发展。

（4）市场产品的附加值需要靠设计来提升。同样的产品、同样的功能、同样的制造成本，由于设计的差异可能使售价相差很大。当一件产品可以在成本很低的情况下以很高的价格销售，大多是由于其设计能够满足用户的审美要求，或是使用起来更为便捷，更能体现出个性化。

3.5.2 市场对设计的影响

市场对设计的影响体现在以下几个方面。

（1）市场影响设计方向。这里主要是指市场的需求直接影响设计发展的走向。比如市场对某方面的设计人才需求特别旺盛，那么设计的走向和发展方向将会朝着这个人才需求前进着。现在虚拟现实技术是热门领域，也是人才大量需求的时代，所以虚拟现实设计领域将会是下一个市场宠儿。

（2）市场影响设计理念。设计师在进行设计之前一定会调查市场。调查市场的过程中必然会搜集消费者的需求、心理、体验习惯等，这些都将影响设计师的设计理念。比如某室内装修设计项目，消费者主要是面向小朋友，那么设计师进行市场调查之后，在设计风格定位上必然采取轻松、活泼的清爽色彩，风格一定是清爽简约的风格。这便是使用者或者消费者对设计师的设计理念所产生的影响。

（3）市场影响设计内容。以 VR 设计项目为例，一个 VR 游戏需要满足手动选择、肢体动作、视觉转换、触觉震感等体验，那么设计师必然根据这些需求设置相应的环节和内容，这便是消费者或者使用者对设计内容提出的挑战。

3.5.3 设计的市场价值观

（1）设计需要适应市场，但是不能完全为了迎合市场而设计。

（2）设计能繁荣市场，同时也会制约市场，设计作品应为了市场繁荣而不断努力。

（3）设计要为了维持市场的良好印象而作出贡献。

（4）设计应当具有忠诚和辨识度，由此稳定市场。设计对于市场来说，是稳定市场的良好办法之一，好的设计可以帮助客户锁定企业，保持对企业的关注。

（5）设计要便于市场使用和联系。也就是说设计应当给客户和体验者创造一种便捷、愉悦的过程。

综上所述，设计与人、艺术、科技、经济、市场都有着千丝万缕不可分割的联系，所以今后设计师在进行设计的时候一定要考虑到这些因素，对症进行设计，以确保设计出的产品既能符合人的要求，又能占据市场，最终促进经济的发展。

本章小结

本章内容主要是针对设计的几大要素展开，包括人、艺术、科技、经济和市场，每个要素都与设计有着千丝万缕不可分割的联系。它们相互促进，又相互制约，设计师需要平衡各个要素之间的关系，还要考虑到各要素对设计所产生的影响。

设计与人，其实这个人不仅仅是指用户，还包括和产品有直接或间接联系的人，比

如生产商、销售商、设计师等，好比生物链一般，每一个角色都能起到很大的作用。VR设计有着自己专属的专业属性，以人与自然、环境、机器等的协调发展为任务，为不同的使用者提供令人满意、舒适的体验作品。这里的以人为本，并不是全部都以人的欲望和需求为唯一标准，而是有辨别性的、选择性的服务于人类，尽可能为人们提供完善的、积极的体验系统。

设计与艺术是相互融合又相互区别的两个对象。设计不仅需要美，同时还需要有一定的功能，但是艺术可以没有功能。我们可以理解成：设计是创造美的过程，艺术是创造出来的美的结果。

设计与技术，二者是一种辩证又统一的存在关系，它们都是人类认识世界和改造世界的有力手段。在日常生活当中，一种新的技术出现时，必然会被运用到设计当中；同时，人们产生一种新的构思设计时便会催生出一种新的技术。比如设计中的科技感便需要新兴技术的支持，通常会在色彩、材料、造型等多方面进行新技术的呈现。其中造型是基础、色彩和材料是升华，将三者处理好便是设计成功的保障。

设计与经济紧密相连、相互促进、共同繁荣。经济的运行将会推动或阻碍设计的繁荣，经济发展的重点对象也会改变设计领域的重点。具体来讲，经济对设计的色彩取向、材料选择、造型及风格均会产生影响。

市场是检验设计好坏的标准之一，因为市场的主要组成部分就是消费人群。随着经济发展与社会进步，人们对设计产品的要求会越来越高，对体验方式的要求也会多样化，设计必须考虑到市场这一主要因素。市场会影响设计方向、设计理念和设计内容。

第4章
VR 设计流程

VR 设计其实与其他设计的流程类似，都需要经历明确项目、制作项目、验收项目几大过程。其中明确项目是指首先得明确项目的设计目的和任务；制作项目是最重要的一个过程，也就是项目孵化的过程，包括制定设计方案、明确设计思维与方法、结合设计审美艺术和心理需求完成一个可行的设计方案。

4.1 明确设计目的和任务

明确设计目的和任务是做设计的前提，做好目的描述和任务规划能够帮助设计师更为明确地进行内容设计，这样也是对客户负责。

4.1.1 如何明确设计目的

明确我们的设计对象，其实就是要明确设计对象所面向的客户特征，以提高产品设计的成功概率。在此前提之下，我们需要遵从原始需求所提供的各项信息，对其进行分析。以福建省网龙华渔教育推出的 101 教育 PPT 项目为例，分析其设计目的，其实也是使用对象的需求分析。

首先明确产品的名称是"智能 PPT 制作"。

其次定位使用对象或者人群。使用智能 PPT 的对象是体制内的教师，一般年龄在 25 到 45 岁之间，具有本科以上学历，经常使用 PPT 进行授课，对软硬件熟悉度一般，对学生负责，业务水平有保障，希望能更多地与他人进行交流，渴望获得尊重。

最后确定本次项目的设计需要达到哪些目的，见表 4.1。

表 4.1　项目目的分析表

序号	实用性目的
1	协助老师监管学生学习和纪律
2	帮助老师对课堂时间和进度进行合理控制
3	帮助老师提高社会关注度，体现老师个人价值
4	备课功能需要灵活，以便于老师的个性化教学
5	达到课上课下双效辅导的目的
6	教学中需要有激励机制，PPT 需要实现排名需求，便于师生都能相互激励，共同成长
7	实现知识共享功能，便于师生交互，另外还可以达到知识转换价值的目的
8	需要实现 PPT 和网络其他资源共同利用的目的

除了以上这些实用性的目的之外，还需要达到文化、社交、使用习惯、软硬件方面的目的，见表 4.2。

表 4.2　项目目的扩展分析表

序号	文化、社交、使用习惯、软硬件方面的目的
1	符合教师群体的喜好，体现出文化、青春、阳光的校园气息
2	设计多种风格，可供老师么选择
3	需要达到相互交流的目的，便于老师之间相互沟通
4	终端设备需要多样化，PC 端、移动终端都需要匹配
5	需要一定的网络故障自测及修复功能
6	多语言、多地区风格设计，以中文为主

以上这些罗列出来的目的均是通过对使用对象需求进行调查分析之后明确下来的，能够为制定设计任务提供许多清晰的思路。

4.1.2　如何制定设计任务

任务的制定往往都是通过目的来引导，一般情况下，制定设计任务的时候需要拟好以下三大要素：

一是做什么，也就是工作内容。结合项目目标，计划一定时间内需要完成的阶段性目标、任务及要求。任务及要求应具体且明确，有的还要规定质量、时间。

二是怎么做，也就是要采取哪些方式方法、措施策略。要明确何时实现目标和完成任务，就必须制定出相应的措施和办法，这是实现计划的保证。主要包括设计方法、设计需要哪些资源的配合、需要什么样的软硬件设施等。

三是时间保证，也就是阶段性目标、时间安排以及总目标的时间和期限。

结合以上三点，还是以福建省网龙华渔教育推出的 101 教育 PPT 项目为例，制定一个阶段目标和任务图，供大家参考，如图 4.1 所示。

图 4.1　常见三大阶段性任务及目标

以上只是针对三大阶段的常见任务而进行的归类和描述,具体时间安排要根据项目的实际情况进行分配,只要设计方与委托方达成共识即可。

4.2 制定设计方案

在明确了设计目标、任务之后,便要开始进行方案设计了。VR 是一项综合集成技术,涉及到计算机图形学、人机交互技术、传感技术、人工智能、艺术等领域。它需要借助计算机实现人机交互的虚拟场景,使人们产生临场感。在进行这样一种项目设计时,必须结合各个领域的特点对整个设计方案进行构思。

4.2.1 设计方案制作要点

以 VR 旅游开发设计为例,对方案实施的具体内容和要点进行分析。近年来,虚拟旅游平台开发得越来越多,虚拟旅游平台可以让用户享受到类似于真实环境的场景体验,临场感和沉浸感非常强烈。此外,体验者还可以通过软硬件的配合实现与场景或者人物之间的交互,避免许多现场的尴尬。就 VR 旅游项目的方案设计来说,需要包含以下几个要点:

一是场景模型制作,我们可以采用 3D 建模技术建造虚拟场景,还可以采用全景拍摄的形式对现场场景进行真实再现,如图 4.2 和图 4.3 所示。

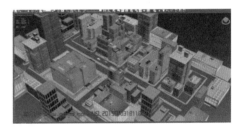

图 4.2　全景拍摄　　　　　　　　　图 4.3　3D 建模

二是对场景内的所有对象进行美化,确保视觉效果最优化。这一点与现场看的效果有所区别,当人们到达现场进行观赏时,许多物体的感受直接与人的自我审美挂钩,但是虚拟旅游场景中的对象都是设计师设计和制作出来的,难免会有一些人为的增加或减少,而这些问题都将是对硬件设施提出的挑战。设计师需要根据人们视觉习惯以及 VR 眼镜的视点转换进行深入分析,合理布景,力争呈现到大家眼前的都是美好的、无死角的场景。

三是交互环节设计。这一环节相当重要,交互内容设计是否成功将决定整个 VR 作品的好坏。在进行交互设计的时候,需要考虑到人的因素,结合使用对象的具体情况进行针对性设计。

四是发布到 VR 平台。发布的时候需要考虑到不同类型的终端,既要在 PC 端有效呈现,还要在移动终端上完美展示出来。此外,我们还需要考虑到 VR 硬件设备,以此测试 VR 设计内容的合适度与匹配度是否兼容,呈现出来的效果是否和最初设计的一样等。总之,

一个作品从无到有既需要把控内容上的设计，还需要紧密结合硬件上的要求，这便是设计与技术的相互融合。

4.2.2　设计方案修改方法

没有一种设计是一次就能成功的，我们在设计出方案的初稿之后，必定会经过修改方案这一环节。方案修改并不是一味地颠覆初稿、反复修改，而是需要有一定的方法和思路，这样才能确保初心不变，使效果得以加强。以 VR 旅游项目方案修改为例，谈一谈以下几个方法：

一是虚实对照法。设计理念和内容的筛选，推敲设计方案中所融入的文化和内容是否匹配。比如旅游景区的规划路线图、景区周边的具体情况、景区文化特点等是否都达到了很好的展示效果等。如果发现有所欠缺，则可以从这几个方面进行修改。

二是属性对比法。制作内容是否达到令人满意的效果，比如模型制作、色彩搭配、造型设计、材料运用等方面，每一处都需要细细斟酌，方案设计的修改可以从这几点着手。

三是功能检测法。对方案设计的检测，最好的办法就是投入市场当中试运行，经得起考验的就是需要留下来的功能，其他的则可以忽略。一般我们可以从三个方面对功能的保留或去除进行检测：即检测该功能是否提高了人们的使用效率；该功能是否可以让用户获取更多的信息；该功能是否解决了人群在某种环境下的需求。

4.3　设计思维与方法

设计往往需要一些独创的思维方法、方式，观察是设计思维的第一步，不会观察就根本无法进行深入思维。在观察之后，还要清楚如何归类分析，然后配备相应的设计方法，发现问题、解决问题。

4.3.1　设计思维导向

（1）以人的行为方式为导向。首先需要对人的行为方式进行分类研究且对使用者的本能、习惯、心理、生理等进行较为详细的分析，然后结合设计项目的实际情况分析产品设计过程中如何适应人的行为特点和规律，由此探寻设计的功能精髓。

（2）问题导向。将需要解决的问题罗列出来，分析是否存在无法达到的条件和要求。要相信设计师虽全能，但也非万能。还有要罗列出项目推进的限制条件有哪些。比如一个VR游戏设计只针对成年人，不针对青少年，那么设计风格和内容就需要符合成年人的审美和需求。另外时间紧，需控制效率等。这些都是项目的限制性条件，设计师需要慎重对待。

（3）方案对比、设计思维整合的方式为导向。首先一个项目可能有多个设计方案，对几个方案进行对比分析，将优质思想进行整合，制定出合理的方案。

4.3.2　设计方法导向

（1）文献资料分析法。正如一句名言所说："我之所以能够站得这么高，因为我站在巨人的肩膀上。"意思是我们可以搜寻设计或者测试产品构思的概念,对前人的资料和成果加以分析并且尽可能地利用起来,给自己铺垫出一条路,让自己站在一定的高度,只有基于这样的考虑才能够期待有所进步。

（2）创意发散式联想法。用一张纸、一支笔在纸中央定一个主题,结合头脑风暴法,产生各种联想,像树枝一样发散出去。在这一过程中,会有一些意想不到的创意产生。具体步骤如下:

第一步:准备好可供记录想法的纸和彩色笔,以及其他所需的记录工具。

第二步:拟定一个重点内容,或者中心项目。

第三步:根据重点内容或者中心项目散发出多个子项目。

第四步:针对多个想法总结出关键词,然后发散思维去联想。

第五步:对想法进行分组整理。

第六步:筛选创意。

（3）头脑风暴法。头脑风暴法是一种依靠直觉生成概念的方法,注重产品的功能与结构,团队成员用语言在规定的时间内进行交流。在头脑风暴会议中,有很多需要遵循的原则:

第一,必须明确一位主持人,主持人需要鼓励所有人参加,但是自己不能直接参与其中进行讨论,只是负责指导和记录。

第二,参与讨论的人数控制在 5 至 15 人之间,过多或者过少都不利于创意的激发。

第三,头脑风暴法一般会经历三个阶段,总共 45 分钟左右。前 10 钟是第一阶段,创意会非常多;接着 25 分钟左右是第二阶段,创意剧增后进入平缓期;最后 10 分钟是第三阶段,创意较少,但是有可能蹦出来理想的 IDEA,我们应该慎重对待最后 10 分钟。

第四,参会人员除了领域内的专家以外,最好邀请一些其他领域的人员参加,以获得不同知识、经验、背景的人的想法。也可以邀请使用对象参加,他们带着需求和体验的心理参会,往往会提出更多实际的想法。

第五,为了避免参会人员具有一种等级组合,老板、督察和管理者最好不要出席这样的会议,因为他们的参与会无形中影响或抑制其他与会者的参与。

头脑风暴法除了运用团队语言沟通获得创意以外,还可以采用纸上交谈的方法来获取 IDEA。最有名的便是德国人发明的"635"方法,其名称来源于其实施方法:"6 个出席人围绕圆桌而坐""每个人出 3 个创意""5 分钟内写在专用纸上",由此也会获取许多创意。后来德国巴特尔研究所对"635 法"进行了一定的改良,推出了"Brainwriting"（BW）法。改良在于:对于别人的想法是肯定还是否定必须明确表示出来。也就是说在看到前一个人写下的想法之后,如果赞成就画上"箭头",反之则画上"粗线"。

（4）仿生学法。这是一种"从生物界的原理和系统中捕捉发明灵感"的类比构想法。研究生物系统的造型、色彩、图案、动作、能量、速度、感觉等,然后运用到计算机模型当中,产生新的设计方案。对于虚拟现实设计来说,大部分都会采用此方法制作相应的模型,有直接仿生的,也有再创造再设计的,都能取得非常逼真的效果。

（5）调查及回访法。这一方法主要应用于后期,在产品进入市场试运行阶段,需要大量的调查及回访,以获得使用者或者间接使用者的感想,并将结果进行数量分析,从中罗列出需要修改的要点。

综上,无论采用何种思维和设计方法,都是针对设计想法的创新发散,以及指导如何修改设计方案,它们的最终目的都是为了设计出令人满意的产品。

4.4 设计审美与艺术

设计审美与艺术就好像给人进行护肤与美化,有了它,可以让整个设计作品光鲜亮丽起来。当然,审美和艺术在设计中的运用一定是要符合时代审美取向以及艺术风格体系,否则就像人化妆化成了大花脸,看起来令人哭笑不得。

4.4.1 设计审美取向

不同时期的审美观念都有着明显的差别,由此便会形成各个时期不同的审美风尚和特定的艺术形式。现代的审美变化源于工业革命的发展所带来的一系列发展和变化,表现出以下几个审美取向:

一是新艺术运动主张和提倡的"师自然"之风,将中世纪的淳朴与东方的装饰语言相结合,创造出别有一番风味的新风格,表现出了理想主义情感。新艺术运动摒弃传统的古典装饰之风,走向自然,对于传统设计过渡到现代设计来说起到了承上启下的作用。例如弗兰克•赖特,美国现代著名的设计大师,不论是建筑设计还是平面设计,均采用大量的基本几何形,他的作品中渗透了强烈的功能主义以及抽象元素,体现出现代主义的气息,如图4.4所示。

图 4.4 赖特的流水别墅

二是"拼贴法"的极致运用。20世纪视觉艺术领域的创造性革命,刺激了平面设计的快速发展。比如新事物、战争等因素对设计的影响；电影、电视等新媒介的出现对设计表现途径的影响；艺术各领域的发展对设计领域的影响，涵盖了设计的创作观念、表现形式、造型语言等。这一时期所有对于设计产生影响的因素，体现在"拼贴法"的极致运用上。分别是采用拼贴法探讨再现和实在之间差异的立体主义，把拼贴法的意义扩大且使用立体的现成物作为表现手段的超现实和达达主义，以及将拼贴本身作为具有积极意义的独立的艺术品的现实主义。

三是"点、线、面"的多样使用。俄国构成主义，将点、线、面视为表现元素。荷兰风格派作品由基本的直线、方形以及原色和黑白灰色构成。另外，包豪斯设计教育是现代设计教育的发源地，聘请当时著名的艺术家进行设计教育，包括伊藤、蒙德里安（如图 4.5 所示）等，这在现代设计史上具有里程碑的意义。

图 4.5　蒙德里安作品

四是注重"现实人文的关怀"。从中国设计现状来看，中国的审美倾向和中国独特的哲学思想有密切的关系，并且传统绘画中的一些要求在某种程度上体现了中国独特的审美标准。例如气韵生动、形神兼具等。对于西方来说，写实是重要的，而中国更注重所传达的意境。

可以说当代设计的审美具有以现代化为主、现代化与传统性相结合的总倾向。虚拟现实技术刚刚开始走上发展的道路，还需要很多坚守与创新的设计，我们要在把握好传统设计的基础之上，再结合综合审美意识进行创新设计。

4.4.2　设计的艺术元素

设计的艺术元素大多从文化资源当中提取。以中国元素为例，古今几千年沉淀下来的文化基础是设计元素的摇篮，取之不尽。就以我们易于感知的元素来说，包含了建筑、

生活用品、生产工具、民俗用品、文娱用品、宗教礼仪用品、自然风貌等。其中建筑中常见的元素有塔庙、华表、寺院、传统民居、牌坊、木雕、砖雕等；生活用品中常见的元素有餐具、灯具、货币、服饰等；生产工具中常见的元素有农具、运输工具、雕刻工具、制陶工具、织绣工具等；民俗用品中常见的元素有荷包、年画、剪纸、对联等；文娱用品中常见的元素有戏剧舞台用品、书法、国画、篆刻等；宗教礼仪用品中常见的元素有石窟造像、壁画、占卜用品等；自然风貌中常见的元素有山河、古井、梅兰竹菊等。由此可见，中国传统文化中可供设计提取的元素数之不尽，只是设计师需要具备一定的文化修养，否则容易产生张冠李戴的误会。下面就社会上常用到的几大中国元素进行一定的分析，希望有助于大家思考和研究传统文化中艺术元素运用到现代设计中的问题。

（1）书法元素。中国书法是一种独特的艺术，从某种程度上来看，书法是抽象艺术的一种，其本质特点是意象思维。由于书法本身所具有的瞬息万变的特征，从形式和精神方面都有着丰富的内涵，在设计当中的运用越来越多。比如许多设计作品中的字体都采用电脑美术字。不可否认，电脑字体规范、便捷、易于识别，具有一定的优势。但是不得不承认，电脑字远没有书法所具有的灵动多变，精神与活力也不如书法。我们要深入挖掘书法中的汉字资源和蕴藏着的文化资源，为设计创新注入一定的灵魂。虚拟现实技术的发展一定离不开书法元素的运用，比如界面按钮的设计、界面语言的设计等，如图4.6所示。

图4.6　游戏界面"书法"元素运用

（2）中国画元素。中国画的线条和笔墨具有独特的审美特征，能丰富设计的表现形式和表现语言，开拓设计者的创作思路。中国画艺术在美学上的最大特点在于"意境营造"，其意境一般从空白处、虚无处体现出来，给人无限的遐想空间。另外，中国画中的寓意非常丰富，众所周知花鸟画中的梅兰竹菊都有相应的指向。就比如"梅花"因为在寒冷中迎寒而开，素来成为君子的写照。所以国画元素除了表面的形式可以运用以外，其内涵更是人们乐于接受和欣赏的。

（3）篆刻元素。篆刻艺术最鲜明的代表便是印章。印章所具有的色彩、样式、造型、结构等是灵感的源泉。其朱白纹变化所呈现出的虚实相间的效果，在现代设计中运用得较为成功。比如 2008 年北京奥运会的会徽，便是运用篆刻元素进行设计的，该作品提升了设计的价值，如图 4.7 所示。

图 4.7　篆刻元素在设计中的运用

（4）其他传统文化元素。比如中国结、莲花、荷花、葫芦等，每一个都具有丰富的寓意，令人产生美好联想。中国传统文化所提取出的元素大多追求和谐、朴素、委婉的曲调，这与中国传统人文自然观和哲学观相关，体现了中华民族独特的思想内涵和文化趣味，如图 4.8 所示。

图 4.8　中国结与 LOGO 设计

4.5　设计心理与体验

设计的心理与体验，主要是指设计方案过程中需要考虑到的关于"人"的相关心理及体验感受。人的每一处感官传递出来的信息都会成为一项产品的设计依据，虚拟现实作品是人机交互产品，更加需要强调与人相关的心理及体验。

4.5.1　视觉体验分析

虚拟现实作品需要借助于虚拟眼镜来实现视觉体验，其视觉要求不同于一般设计作品。戴上眼镜和裸眼的区别就在于 VR 眼镜是鱼眼镜头的效果。那么我们在进行视觉设计的时候，一定要重视视觉体验的分析，不断修复作品。

虚拟现实系统是一个全方位的立体系统。视觉上，设计师需要将所有抽象的体验感受和心理感受转换成具象的视觉图形；技术上，设计师需要将整个系统的功能、动作加以规范，让体验者有规律可循。事实证明，统一的视觉和技术形式可以帮助人们加深记忆，减少交互过程中的困惑和错误。

结合设计原理，视觉体验方面可以从以下几个方面进行分析：

一是版式布局设计分析。版式布局中的文字样式、大小、间距、面积、数量、风格、寓意等可以塑造出千种模样的作品。这些内容传递给人的第一印象便是风格，当风格印在心中之后，会让人产生喜欢或抗拒的心理。进行虚拟现实设计的时候，因为要设计许多交互环节，所以版式布局最好不要太过繁琐，除非是游戏需要，否则尽量以简洁、浅色调为主。在逻辑思维和版式构成方面一定要结构清晰，给人以井然有序的感觉。

二是界面组织和可视结构设计。与版式布局设计不同的是设计元素、色彩的设计。好的界面组织和可视结构设计，可以给用户清晰和整体的感觉，在使用的时候还可以减少和降低培训成本。通常我们进行组织和设计的时候一般需要结合人的阅读顺序，即"从上到下，由左至右"。另外，还需要遵循主大次小，主上次下等设计原则，以确保符合使用者的视觉习惯。比如 VR 游戏界面设计，有部分按钮需要具备一定条件才可以使用。不具备使用条件时可以让它们显示灰色状态，等到具备了使用条件时才变亮或者变色，以便于使用者能够准确建立起按钮与条件之间的联系。

三是色彩设计。不得不说，色彩在整个设计作品当中是非常重要的，各设计领域均将色彩搭配作为一项专门的设计板块。在 VR 游戏设计当中，色彩的搭配对屏幕中的显示效果影响很大，且美学效果一定离不开色彩这一元素的配合。在进行色彩设计的时候需要注意以下几点。第一，控制同时出现的色彩的数量。就好像一个人穿衣打扮全身上下最好不要超过 5 种颜色，VR 设计也是一样（特殊设计需求除外）。当然，颜色数量控制之后，并不是表示只能使用黑白灰红绿，设计师也可以使用一种色彩的不同明亮度、饱和度来增强设计界面的层次感，这样一来，体验者并不会因为色彩过多导致注意力分散、操作失误了。第二，在同一个操作界面，尽量避免对比色出现。比如红绿、黄蓝等，这样搭配会显得不兼容、不协调，容易使体验者感觉厌烦。第三，界面中活动着的对象一般颜色鲜明，非活动对象一般颜色灰暗，主要是为了牵引体验者的视觉关注点。第四，使用颜色的时候还应该考虑到色彩本身所具有的感情色彩。比如红色具有危险的意思，蓝色可以让人冷静，绿色代表生命活力等。这些色彩属性对应地运用到设计当中，可以有助于获得体验者的情感认同。

4.5.2 触觉体验分析

触手可及的感受体验在不断改进的过程中，与此相关的电子技术也在不断革新，并对产品和设计者提出许多新的要求。现在虚拟现实技术当中运用较多的触觉反馈设备便是利用电子技术进行触觉模拟。这种技术已经在电子游戏的操纵杆以及飞行员或者执法人员的训练模拟器中的把手、踏板和方向盘上应用得很广泛了。

触觉反馈主要有两种感觉：第一种是全振动，这种情况下整个物件都会振动，比如

VR 座舱设计，进行游戏体验时可以产生全振动的感觉；第二种是局部振动，即指尖下方出现轻微和短暂的振动，VR 技术在医疗行业中的运用，通常会使用局部振动的形式，以模仿医疗器械的工作力度。

通常我们在进行触觉设计的时候需要注意以下几点：

第一，触觉力度需要在人能承受的范围之内。力度太轻并不会给人带来足够的体验效果，力度过重又会让人觉得不舒服。比如 VR 健身器械的设计，需要模拟人运动时的各项力反馈，让人感受到真实的效果。

第二，触觉属性在符合人需求的基础上，还要以让人感觉温暖舒适为主，这样能给人产生一种积极的体验感受。

第三，触觉的设计需要结合界面布局进行配套设计，比如触碰按钮、色彩设计等。触觉反馈的设计可以帮助用户利用自己的触觉了解和接受更多的信息。

触觉反馈设计是现代科技发展的重点内容，我们相信，未来的设计领域一定能激发出更多的设计创意。

4.5.3 听觉体验分析

不论是大人还是小孩，都喜欢有声音且带有趣味性的产品来满足人们的交流体验，这一点在儿童产品中尤为突出。听觉设计可以增加体验者自身的控制欲和满足感，比如，处于学步时期的儿童对于走路有着很强的兴趣。有一种"带声音的鞋子"能发出咯吱咯吱的声音，可以帮助儿童树立走路的信心，同时也能让家长从这种有节奏的声音中去体会孩子的步伐和成长。

音乐对人的影响一直是人们研究的关注点，在生理和心理方面都对人有着较为深入的影响。生理方面，音乐可以刺激人的神经系统，调节人体的心跳、呼吸速度、内分泌等。事实证明轻柔的音乐可以使人体大脑中的血液循环减慢，让人安静下来；活泼轻快的音乐会增加人体血液流速，让人神清气爽；高音和快节奏的音乐会使人体肌肉紧张；低音或慢板的音乐则会让人感觉放松。既然音乐对人的影响如此之大，在现代设计当中一定要加以运用。

虚拟现实产品中的听觉设计类似于电影中的配音或配乐，可以营造一种氛围，让体验者沉浸其中。如 VR 过山车，当人们戴上眼镜、穿上相应设备、戴上耳机，就可以体验真实的过山车环境，速度飞快，风声贯耳，被一群尖叫声包围。若是没有听觉设计，只是视觉或触觉，感受就没有那么真实和刺激。

4.5.4 嗅觉体验分析

现实生活中，人们常常忽略了嗅觉的重要作用，认为人类的嗅觉相对于视觉和听觉作用不大，并不发达。其实嗅觉作为五官感觉之一，是健全的，是不可缺少的一部分。嗅觉可以让人产生丰富的联想，比如海的味道可以让人联想到海边的场景、海底的生物、海的颜色，甚至是海的相关词语。嗅觉由于看不见摸不着，直接刺激大脑嗅觉神经可以激发人无限的想象力。

目前，VR 嗅觉体验的设计还处于非常薄弱的研发阶段。2017 年日本的一家嗅觉外设公司研发的小设备可以与 Oculus Rift、HTC Vive 或者 PlayStation VR（PSVR）相结合。这个嗅觉外设由两个部分组成，一个部件用来释放气味，一个部件是风扇。其运用原理就是风扇将气味吹向体验者的鼻子，气味的浓度可以调节。2017 年下半年，Vaqso 已经拓展了 VR 嗅觉领域，与游戏厂商 Illusion 旗下虚拟现实游戏《VR 女友》合作为玩家带了视觉、嗅觉的双重 VR 新体验。

Vaqso 并不是全球唯一一家通过外接设备为 VR 提供嗅觉感官体验的公司。在 2015 年，FeelReal 公司就推出了一款可以触发嗅觉的面具，可让用户体验到清风迎面的感觉。时至今日，VR 行业一直在努力提升视觉、听觉、味觉以及嗅觉技术，但嗅觉和味觉技术却发展得相对较慢。我们希望类似于 Vaqso、FeelReal 这样的公司能够提出更多具有一定启发意义的实施方案，将来有一天作为标准充分应用于头显中，这样我们就可以通过更多感官体验到更真实的 VR 作品了。

4.6　设计作品制作

在思想得到确认，且基本方案得到认可之后，便进入了详细实施阶段。在设计作品制作过程当中还需要注意随时考证，随时更改方案。毕竟完美的设计都不是一帆风顺的，设计师需要保持良好的心态。

4.6.1　设计作品制作过程

笼统地说，VR 作品制作过程分为两种情况：实景拍摄与 3D 建模场景制作。3D 建模场景制作又存在两种情况，即体验者在 VR 场景内活动和不能在 VR 场景内活动。无论是实景拍摄或是 3D 建模，都需要设计师、程序员、拍摄团队、后期制作紧密合作一起完成。下面分别介绍 VR 内容制作的完整工作流程。

（1）全景拍摄的制作流程

第一步：接收到任务之后，设计师采用头脑风暴等方法思考设计内容，列出详细的设计目的和设计任务，包括场景内容和场景切换路径、界面设计、交互逻辑等。将所有思路输出为文本的形式，让每一位参与设计的人员都明白相应的要求和过程，以确保后期各项项目的顺利推进。

第二步：安排专业的摄制团队在实景中进行视频或全景照片拍摄，输出全景视频或全景图作为后期制作的主要素材。

第三步：设计师对前面所制作的素材进行拼接和处理，然后再输出全景视频或全景图。

第四步：设计师制作交互动画及 VR 里面会出现的界面设计及输出。

第五步：程序员编写程序代码，以确保实现交互，然后输出可交互的 VR 内容。

第六步：设计师和程序员进入 VR 场景进行逻辑测试并且不断完善内容。

第七步：测试完成以后，制作团队再针对出现的漏洞或问题继续不断修改，无限循环，直到最终效果满意。

（2）3D 建模场景制作的流程

第一步：与全景拍摄的第一步类似，设计师采用头脑风暴的方式思考场景内容、场景切换路径、界面设计、交互逻辑思路等，最后输出策划文档。

第二步：设计师使用建模软件绘制出草图或草模，足以表现场景的基本样貌，然后输出场景供大家讨论。

第三步：3D 模型师根据场景示意图进行建模，然后输出完整的 3D 模型。

第四步：设计师制作交互动画及 VR 里面会出现的界面设计及输出。

第五步：渲染效果图。渲染的时候要分为两种情况来考虑，一种是体验者在 VR 场景里活动的情况，需要进行 3D 模型实时渲染，这就需要在游戏引擎里写代码实现交互逻辑，还需要借助 VR 头显设备来体验效果。这一种情况渲染时工作量很大，但是由于可以捕捉到体验者的各种行为和动作，实现实时反馈，所以体验的效果会更好，身临其境的感觉更为明显，制作成本相对来说更高一些。另外一种情况是体验者不在 VR 场景里活动，首先由设计师渲染成 360 度的全景图，类似于球面图片；再用 ps 优化球面图；最后通过使用前端语言 krpano 编写程序代码实现交互逻辑。

第六步：设计师和程序员进入 VR 场景进行逻辑测试并且不断完善内容。

第七步：测试完成以后，制作团队再针对出现的漏洞或问题继续不断修改，无限循环，直到最终效果满意。

4.6.2 设计作品制作注意事项

VR 作品制作需要注意以下几点：

（1）丰富的空间想象力

无论是实景拍摄还是 3D 建模，VR 内容都是建立在三维空间里，所以需要从业者或设计师有较强的空间想象力，能够想象用户在自己创造的虚拟世界里是一种怎样的体验。

（2）灵活的处理手段

VR 作为一个新兴领域，像一个刚出生的宝宝，并没有建立起完善的生态系统和成熟的体制，在制作过程当中会遇到很多从未遇到过的问题，需要设计师具备灵活的处理手段以应对突如其来的挑战和困难。

（3）具备跨行业的专业能力

作为新兴发展领域，目前学校里并没有培养出对应行业的人才，所以 VR 从业者往往是从别的行业跨界来的。比如游戏设计、动画设计、影视、多媒体技术等。VR 作为"科技＋设计＋体验＋创意"几个领域的结合，需要设计人员具有较强的综合能力。

4.7 市场测试、评估及优化

市场测试、评估及优化是设计的最后一个过程，这一过程看起来不是特别重要，事实上方案优化得好不好将直接关系到整个设计作品的质量和效果。所以我们还是需要以专业的眼光来审核自己的设计作品，给自己提出相应的修改意见并付诸行动。

4.7.1 市场测试、评估

市场测试、评估一般是指设计作品投放市场初期的效果测试和评估。虚拟现实设计作品的市场测试、评估主要从以下几个方面来进行分析。

一是以同款游戏为例，测试传统游戏和 VR 游戏的差别。另外评估一下投放市场的 VR 游戏是否能得到推广。

二是测试和评估 VR 游戏的大众认知率和使用率。

三是测试 VR 游戏的运行逻辑、界面设计、交互方式、操作顺序等。

4.7.2 方案优化方式

测试可以检查产品存在的质量问题。一般情况下，我们会根据测试出现的问题分析产品的"不良"之处，有针对性地对相关部位、部件进行效果分析。争取在材料、工艺、结构上加以改进，并在给定的限制条件中尽可能地满足人们在人性化、安全性、可靠性、经济性与有效性等方面对品质的期望。

方案优化的方式大致有以下几点：

一是优化设计产品本身。根据人、市场和环境的需求进行相应的指导，使其更加完善，更符合基本需求。改进设计往往需要在同一产品上增加或减少一部分功能，或者使同一产品具备不同的功能。

二是美化外观设计。人们在满足物质上的需求之后会追求精神享受，对"美"的要求会更高。一个好的设计作品应该是令人赏心悦目的，其外观是否优雅时尚美丽决定了其所受欢迎的程度，如图 4.9 和图 4.10 所示。

图 4.9　老式手机

图 4.10　新式手机

4.8　产品的使用和维护

虚拟现实产品和其他产品一样，在孕育诞生之后就会涉及到产品的使用和维护问题。

VR 产品在使用方面不同于其他产品的地方是 VR 产品大多需要现场模拟演练，不是单靠说明书就能解决问题的；维护方面需要随时跟进，因为 VR 产品除了硬件设备以外，还有随时可能需要更新的软件内容。

4.8.1　产品使用和推广

以 VR 游戏产品为例，开发出成品之后可以从以下几个步骤进行产品的推广。

第一，可以同各个影视领域的厂商进行合作，发布设计作品，提升市场竞争力。线上对合作方进行宣传，以获得共赢。

第二，在各个领域设立展区，设置不同风格但相同内容的体验区，免费感受 VR，搜集用户反馈的信息，并根据客户评价对产品作出相应调整。

第三，对相关领域免费提供体验设备，比如游戏爱好者、视频制作者、主播、媒体编辑、科技馆、美术馆等，这样一来不但可以提升他们的工作体验，也能提高产品的知名度。

关于 VR 产品的使用说明，一般有以下两种方式：

一是操作视频展示。体验者进入体验区可以观看设备和内容的操作演示视频，将重点和难点截取出来着重演示，体验者通过观看视频可以熟练掌握操作方法。这一种办法针对接受能力强的人来说易如反掌，且形式可自助，比较便捷。

二是现场教授操作的方式方法。体验者进入体验区之后，在技术人员带领下，熟悉相应的操作方式，这种方法适用于所有人群。

4.8.2　产品维护

此处所说的产品维护主要是指内容方面的维护，也就是内容更新。在内容更新方面需要主要以下几点：

一是提高产品定位的效率。在新的产品进入市场时，难免会出现一些不能完全满足消费者需求的情况。这些瑕疵和问题需要在这一时期进行调整，使产品能够更准确地符合使用者的需求。缩短这一阶段所用的时间便可以提高产品定位的效率。

二是维护产品的时效性。市场变幻莫测，发展趋势也不断在发生变化，从产品策划至投放市场期间，市场极有可能发生很大的变化，那么产品在设计和制作的时候就需要不断作出相应调整。哪怕是投入了市场，只要出现问题就一定要作出调整，以维护产品的时效性。

三是增强产品对于市场的适应能力。这就像新生儿来到世界上一般，需要不断适应世界上的人、事物、气候等。设计师和制作者需要时刻保持警惕，采取对策以确保产品能够度过市场上的一个个困难时期。

四是增强产品的可持续性。一个产品设计和制作出来，需要耗费许多的人力和物力，投入较大，若是不能长期持续发展下去，损失将不可避免。所以产品维护专员需要维持产品的生命力，使其保持旺盛状态，将其生命周期尽量延长。

以上是关于产品软件方面的维护方法。那么硬件设备方面的维护该如何去做呢？其实，硬件设备的维护类似于计算机维护，销售之后还需要给予技术支持，帮助使用者克

服相关问题。

本章小结

本章内容主要是讲 VR 设计的流程，VR 设计其实与其他设计的流程类似，都需要经历明确项目、制作项目、验收项目几大过程。

第一得明确项目的设计目的和任务，做好目的描述和任务规划能够帮助设计师更为明确地进行内容设计。明确设计对象，其实就是要明确设计对象所面向的客户特征，以提高产品设计的成功概率。

第二要进行方案设计，VR 是一项综合集成技术，涉及到计算机图形学、人机交互技术、传感技术、人工智能、艺术等领域。它需要借助计算机实现人机交互的虚拟场景，使人们产生临场感。在进行这样一种项目设计时，必须结合各个领域的特点对整个设计方案进行构思。

第三是运用独特的设计思维对方案进行审查与修改。设计往往需要一些独创的思维方法、方式，观察是设计思维的第一步，不会观察就根本无法进行深入思维。在观察之后，还要清楚如何归类分析，然后配备相应的设计方法，发现问题、解决问题。

第四是站在审美与心理学的角度审视设计方案，不断修改完善以达到预想的效果。如色彩、设计元素的运用，版式布局设计、界面组织和可视结构设计的分析，以及视觉、听觉、触觉等全方位的感官体验分析，这些内容都需要慎重对待。

第五个流程便是设计作品制作。VR 作品制作过程分为两种情况：实景拍摄与 3D 建模场景制作。3D 建模场景制作又存在两种情况，即体验者在 VR 场景内活动和不在 VR 场景内活动。无论是实景拍摄或是 3D 建模，都需要设计师、程序员、拍摄团队、后期制作紧密合作一起完成。

第六个流程是市场测试、评估及优化。市场测试、评估一般是指设计作品投放市场初期的效果测试和评估。虚拟现实设计作品的市场测试、评估主要从以下几个方面来进行分析：一是以同款游戏为例，测试传统游戏和 VR 游戏的差别，另外评估一下投放市场的 VR 游戏是否能得到推广；二是测试和评估 VR 游戏的大众认知率和使用率；三是测试 VR 游戏的运行逻辑、界面设计、交互方式、操作顺序等。

完成以上所有流程以后，还会涉及到产品的使用和维护问题，VR 产品不同于其他产品的地方是 VR 产品大多需要现场模拟演练，不是单靠说明书就能解决问题的；维护方面需要随时跟进，因为虚拟现实产品除了硬件设备以外，还有随时可能需要更新的软件内容。

第5章
影响 VR 设计效果的要素

本章探讨的设计效果是指 VR 作品给人们带来的体验效果，那么起决定性因素的到底是哪些方面呢？其实，VR 设计与其他设计一样，都会受到造型、材料、色彩等的影响，这些是基本要素。除此之外，能够对 VR 设计效果产生影响的还有交互和音效设计，这两点是体现 VR 作品优质与否的关键所在。

5.1　造型设计

造型设计是决定作品美感的第一要素。造型好不好，可以让体验者选择是否对作品进行深入了解和感受。一般在 VR 设计当中，造型由平面、立体和空间共同构成。

5.1.1　平面构成

平面构成作为艺术设计的基础，是一种最为基础的视觉形象构成，其基本要素可以分为概念要素、视觉要素和关系要素。平面构成不同于绘画，也不同于其它一些图案，它实际上是一种带有某种规律性、抽象性的图案的设计。平面构成设计的训练可极大地丰富学生的绘画艺术语言，使学生的绘画作品更富有创造性。

（1）平面构成的概念要素

概念要素是需要进行创造性构思的要素，它不是实际存在的，我们一般看不见也摸不着，只能通过意念进行感受。它们伴随着人们的意念存在于客观事物当中，围绕在我们的生活周围。一般情况下，我们可以通过以下三个要素去感知世界，强化我们的意念，即点、线、面。点、线、面的构成训练是康定斯基首先提出来的，它不但是设计师所必须经过而且最有效率的训练，对从事现代艺术的所谓纯粹艺术家来说，也是不可缺少的基础训练之一。现在各国所采用的"点、线、面"训练都是康氏所著的点、线、面理论的延伸。

首先是点。点是几何学中所说的"无面积的东西"，它具有位置却没有空间。但是在造型设计方面，点不仅是可视的，还具有面积和形态特征。平面构成当中，点可以是散开的、也可以是虚化的；可以是线状的，也可以是渐变的；可以是不规则的，也可以是平均的，如图 5.1 和图 5.2 所示。

其次是线。线是点移动的轨迹所形成的，在空间里可以显示出长度和位置。整体的外形呈细长状态。在构成中，线有长有短、有宽有窄，不同形态的线可以给人不同的感觉。比如直线、水平线、垂直线可以显示出坚强、顽强、明确、单纯、简朴且具有男性象征；

斜线有很强的方向感和速度感；曲线、几何曲线、自由曲线可以呈现出柔软、灵动、活泼和富有弹性的感觉，具有女性象征；不规则的线则会显示一种粗犷和自由的形态。如图5.3和图5.4所示。

图5.1　发射状的点

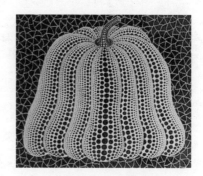

图5.2　形象化的点

图5.3　发射状的折线

图5.4　流动的曲线

再次是面。面是由点和线组合而成的具有面积和形状的图形。面的形态丰富多样，有几何形的面、自然形的面、有机形的面、偶然形的面和人造形的面。由于面的形态各异，其呈现给人的感受也大不相同。比如几何形的面表现出规则、平稳、较为理性的视觉效果；自然形的面由于其自然性所形成的不同外形的物体，给人以更为生动、厚实的视觉效果；有机形的面可以生成柔和、自然、抽象的形态；偶然形的面自由、活泼、有个性；人造形的面具有较为理性的人文特点，如图5.5和图5.6所示。

图5.5　人造形的面

图5.6　自然形成的面

（2）平面构成的视觉要素

视觉要素是指在纸上描绘一个形象时所呈现出来的视觉元素，一般包括形状、大小、色彩、肌理、方向、位置等。

① 形状。形状是人所感知到的物体的方向、位置、明暗、肌理等，是一种可见的对象的外貌。形状有抽象的也有具象的，无论是哪种形状，都会影响构成画面的整体效果。

② 大小。大小在平面构成中主要是起到决定画面构图是否均衡的作用。如果对象太大，则会显得"不严谨""过度"，给人带来一种不舒服的视觉感受；如果对象太小，则会让人感觉画面太空，显得"不饱满"。

③ 色彩。色彩在平面构成中能够对物体的形状产生影响。色彩虽然本身具有"有色"和"无色"系列之分，但是不论是何种色系，其明度和饱和度对物体的基本特征来说是有着决定性意义的。

④ 肌理。肌理是存在于物体表面的一种组织结构，可以通过触觉进行感知。肌理效果的细腻程度对于人们视觉效果来说，会有光滑、平和与波折、粗糙的区别。

⑤ 方向。物体形象的方向是由观看者的视觉方位所决定的，同时也影响着其他物体的视觉方位。在平面构成中，如果要将形象的方向把握准确，一定要考虑到观者的视觉方位，多尝试站在观者的角度进行思考。

⑥ 位置。位置其实与方向的作用类似。将一个物体形象置于何处，首先要考虑到人和物的关系，其次是物与物之间的关系，这样设计出来的形象才会符合观者的视觉喜好。

（3）平面构成的关系要素

平面构成的关系要素主要是指方向、位置和重心等。画面上的物体形象之间如何组织、排列更具有形式美，这些都是由关系要素决定的。

以重心这一关系要素为例，在进行平面构成设计时，人们往往会根据自身的情况而对对象产生轻重、稳定与不稳定的感觉，不同的人将会有一定的差异，但是我们需要把握好整体的规律。比如，在平面构成中，三角形的形状若占据整个画面的三分之二幅面，那么这幅画会给人一种很稳定的感觉；若一个圆形的形状占据在画面的左下角，这样会给人一种左重右轻的感觉；一个肌理效果丰富的图案往往比一个素净的图案显得更具有重量等，如图 5.7 和图 5.8 所示。

图 5.7　肌理丰富的圆形

图 5.8　素净的圆形

平面构成训练在 VR 设计学习当中有着很重要的作用。首先,平面构成有利于培养对抽象设计的学习兴趣。在平面构成练习过程当中,可以了解平面构成设计在日常生活中诸如广告设计、包装设计、封面设计、染织设计、标识设计等领域中的应用,从而进一步激发对平面构成设计的学习兴趣,为日后学习 VR 界面设计打下良好基础。其次,平面构成有利于培养学习者的创造力。从某个角度来看,平面构成设计实际上是一种抽象图案的设计,其画面是由点线面等基本元素和抽象图形所构成。它与具象图案那种以再现物体真实形态为目的的训练是完全不同的。这种画面给人的印象非常独特,学生可以在视觉美逻辑的前提下充分发挥想象,使其构成一个完美的整体。最后,平面构成能够将审美与创造综合体现出来。众所周知,绘画作品讲究形式美。同样,形式美也是构成图案美的重要条件,平面构成中的形式美诸如黑白、明暗、方向、节奏、韵律、线面组合、动静等产生的美,是根据生活中符合形式美规律、美的排列组合提炼而成的,富有美妙的节奏与韵律、鲜明的艺术形象,是设计师审美能力和创造能力的综合体现。综上,我们在进入设计的美妙世界之前,务必掌握好平面构成的基本知识。

5.1.2　立体构成

立体构成在 VR 设计当中主要会运用到场景和物体的造型设计方面,是研究立体造型的学科。我们需要通过立体构成的学习进一步了解和掌握立体造型的构成方法,认识到立体设计中的形式美规律,从而提高设计能力和审美能力。一般我们会从线、面和块三大方面去分析和学习立体构成。

（1）线的立体构成

线的立体构成的主要特点在于其本身不具有占据空间表现形体的功能。它可以通过线群的积聚表现出面的效果,而后通过各种面的围合形成一定的立体造型,如图 5.9 所示。线的构成形式需要注意形式美,但是材料选择也很重要。线的构成必须借助于框架支撑,通常可采取木材、金属或其他能支撑物体的材质,在 VR 场景的搭建当中,我们必须要考虑此要素。

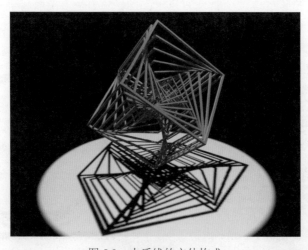

图 5.9　木质线的立体构成

（2）面的立体构成

面要成为构成的对象，就需要长、宽基本形状。在此基础上，通过刻画、切割、变形、折曲等方式形成一种由各个面包围起来的立体造型，如图 5.10 所示。将平面素材经过折曲或者切割加工以后所形成的一种具有立体效果的构成设计，可以将其应用在室内外装饰设计、景观墙的设计中。在理解了面的立体构成知识之后，才可以在 VR 设计当中自由使用面的构成来完成场景设计。

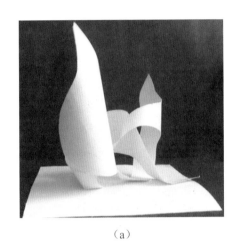
（a）

（b）

图 5.10　面的立体构成

（3）块的立体构成

块是具有长、宽、高三度空间的实体，能有效地表现立体造型。块不同于线、面的特点，因为块的造型能够给人以重量感、充实感和稳定感，如图 5.11 所示。块需要由线、面构成，可以是空心的也可以是实心的。块能够使线、面的元素变得更为肥厚、实在，能使物具有重量和强度。需要注意的是，块的表面材料的区别会影响带给人的重量感。比如表面光滑的材料能给人轻快的感觉，表面粗糙的材料则给人厚重的感觉。在进行组合的时候，块的构成材料种类不宜过多，否则容易产生混乱的感觉。

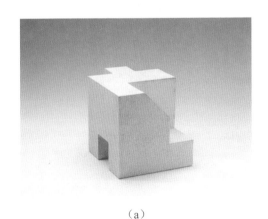
（a）

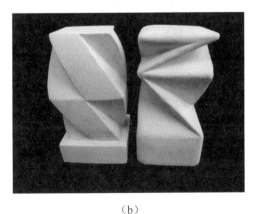
（b）

图 5.11　块的构成

5.1.3 空间构成

空间构成主要关注点在于空间。我们平常所定义的空间一般包含同一平面上的二维空间、三维空间和矛盾空间、幻觉空间或意识空间。

首先是同一平面上的二维空间。这样的空间是由长、宽两种单元因素构成，叫作"二维空间"。二维空间中的图形可以分为很多种，能够形成空间关系的一般有以下几种常见形式：一是共用形，即两个图形合并在一起，共同拥有一个形象，形成你中有我我中有你的图形空间，如图 5.12 所示；二是正负形，正形是背景上的实际形象，一般作深色处理，负形是正形周围的背景，一般作浅色处理，与正形形成对应关系，如图 5.13 所示。

（a）

（b）

图 5.12　共用形

（a）

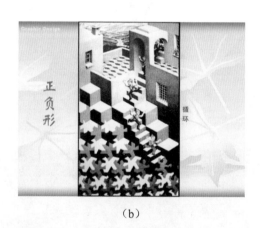

（b）

图 5.13　正负形

其次是三维空间和矛盾空间，三维空间是指具有宽度、高度和深度的空间；矛盾空间是指在真实空间里不可能存在，但是是构成设计中特殊存在的空间表现形式，这是一种创作手段，如图 5.14 所示。

最后是幻觉空间或意识空间。它是人们依据视觉反应原理，造成画面特殊的观赏效果。这样的画面中所呈现的空间是综合了真实空间和矛盾空间的特点而展现出来的具有创意和思想的设计效果，如图 5.15 所示。

（a）   （b）

图 5.14　矛盾空间

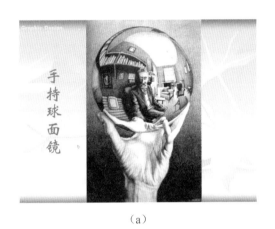

（a）   （b）

图 5.15　幻觉空间

5.2　材料设计

　　材料是可以表现形态的一种特有的语言。各种形态的材料根据其自身的肌理、光感、色彩等特质被广泛应用于建筑业、室内设计、产品设计、服装设计中。材料对设计造成了重大的影响，这为设计开辟出许多新形式。随着科技的发展，材料与设计的联系越来越密切。

5.2.1　设计材料的分类及特征

　　材料的类型极为繁杂，总体上的分类方法有以下几种：

　　一是按照化学组成进行分类：金属材料（金、银、铜、铁、锌）；无机非金属材料（人

工晶体材料、无机陶瓷材料、特种功能无机非金属材料等）；高分子材料（塑料、橡胶、纤维等）；复合材料（金属基复合材料、聚合物基复合材料等）。

二是按照材料的物理性质进行分类：导电材料、半导体材料、绝缘材料、磁性材料、透光材料、高强度材料、高温材料、超硬材料等。

三是按照材料结构和功能用途进行分类：结构材料（具有较好的强度、韧性、高温性能等，可以用作结构件的材料，如水泥制品、石膏板、云母陶瓷等）；功能材料（具有特殊的电、磁、热、光等物理性能的材料，如利用材料的电、光、磁、热、摩擦、表面化学效应等）。

四是按照材料的发展历史进行分类：传统材料（石、木、布、绵、麻、瓦、角、漆等）；现代新型材料（混凝土、水泥、合成材料、超导材料、纳米材料等）。

除了以上几种分类方法，还可以根据使用部位和领域等进行细化。自然界存在着成千上万种材质，这些材质都具有各自的性能和特征，设计师需要对此加以掌握和运用，充分发挥材质在设计过程中的最佳性能，由此实现设计的理想效果。下面就以几种常用材料为例，分析其性能和特征。

（1）金属材料

金属材料（如图5.16所示）是指以金属元素或以金属元素为主构成的具有金属特性的材料。包括纯金属、合金、金属材料金属间化合物和特种金属材料等。众所周知，青铜器的使用始于商朝，至春秋时期冶铁出现，战国时期开始炼钢，铜和铁一直是人类广泛应用的金属材料。在一百多年前又开始了铝的使用，因铝具有密度小和抗腐蚀等许多优良性能，铝的产量已超过了铜，位于第二位。金属材料有着刚硬的质感，可以用于表现冷调、高科技、时代感的风格。以室内设计为例，作为一种重要的室内陈设品，金属艺术陈设品在室内环境中的应用是非常广泛的。按其用途主要可以分为两类：一是纯装饰用途的物品，如金属雕塑、金属壁饰、金属摆件等；二是兼具实用性的物品，如食具、灯具、钟表、洁具等。金属材料具有其独特的材料特性，如质地坚固、不易损坏和腐蚀、易成型、易保存、表面肌理效果丰富等，金属材料的这些特性决定了金属艺术陈设品的应用具有广泛性和适用性。首先，一些对荷载能力或保存时间要求较高的室内陈设品（如灯架、洁具等）就非常适合用金属材料来制作；其次，金属也是颇受艺术家青睐的艺术品制作原材料，尤其是利用金银铜等贵金属制作的陈设艺术品，不仅具有很高的艺术观赏性还具有一定的收藏和保值功能；最后，为了充分发挥出金属材料自身的优点，一些陈设品不仅是具有很高的实用价值的日用品而且也是具有观赏功能的艺术品。

（2）陶瓷材料

陶瓷材料（如图5.17所示）是指用天然或合成化合物经过成形和高温烧结制成的一类无机非金属材料。它具有高熔点、高硬度、高耐磨性、耐氧化等优点。可用作结构材料、刀具材料。由于陶瓷还具有某些特殊的性能，又可作为功能材料。陶瓷材料是工程材料中刚度最好、硬度最高的材料，其硬度大多在1500HV以上。陶瓷的抗压强度较高，但抗拉强度较低，塑性和韧性很差。随着时代的发展，陶瓷材料被广泛应用于现代生活中，陶瓷艺术已经远远地超出了古代陶艺为实用而制的目的。它既可以表现也可以实用，既是物质的又是精神的。陶瓷材质给人的视觉感受自然贴切，因而也使陶瓷作品富于活力与生命。特别是具有现代装饰风格的陶瓷作品，将现代生活中对美的感悟和体味融入陶瓷艺术中。以空间界面设计为例，将现有的制作工艺与传统陶瓷艺术质感、纹样、色彩等特性相结合对当今各个空间进行有效创新和改良，围绕陶瓷文化可形成具有民族、地域等新视觉艺术的空间环境。

图 5.16　金属材料

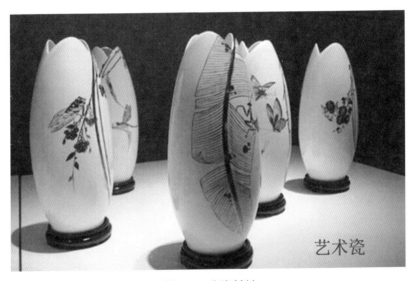

图 5.17　陶瓷材料

（3）木材

木材（如图 5.18 所示）泛指用于工民建筑的木制材料，通常被分为软材和硬材。工程中所用的木材主要取自树木的树干部分。木材因取材和加工容易，自古以来就是一种主要的建筑材料。木、竹材具有许多不可由其他材料所替代的优良特性。一是不可替代的天然性。木、竹材是天然的，有独特的质地与构造。其纹理、年轮和色泽等能够给人

们一种回归自然、返朴归真的感觉，深受大众喜爱。二是典型的绿色材料。木、竹材本身不存在污染源，其散发的清香和纯真的视觉感受有益于人们的身体健康。与塑料、钢铁等材料相比，木、竹材是可循环利用和永续利用的材料。三是优良的物理力学性能。竹、木材是质轻而高强度的材料，具有良好的绝热、吸声、吸湿和绝缘性能。同时，竹、木材与钢铁、水泥和石材相比具有一定的弹性，可以缓和冲击力。四是良好的加工性。竹、木材可以方便地进行锯、刨、铣、钉、剪等机械加工和贴、粘、涂、画、烙、雕等装饰加工。

图 5.18　木材

（4）织物材料

织物材料（如图 5.19 和图 5.20 所示）有毛、丝、棉、麻、人造纤维等。在日常生活当中这类纺织品的色彩、质地、柔软性及弹性等均会对我们周围事物的质感、色彩及整体装饰效果产生直接影响。在室内装饰当中，合理选用装饰织物，既能使室内呈现豪华气氛又能给人以柔软舒适的感觉。此外，还具有保温、隔声、防潮、防蛀、易清洗和易熨烫等特点。在出现了优质的合成纤维和改进的人造纤维后，室内的墙板、天花板、地板等处都广泛采用优质纤维织品做装饰材料、隔热材料和吸声材料。总地来说，织物材料具有很好的吸湿性和透气性、较好的拉伸和压缩恢复弹性、耐疲劳性等，装饰印花布还可以印染出变化丰富、色彩鲜艳的图案。

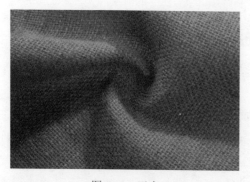

图 5.19　亚麻

图 5.20　丝绸

（5）石材

石材（如图 5.21 所示）包括天然石材和人工石材两类。天然石材是历史悠久的建筑材料。具有较高的强度、硬度和耐磨、耐久等优良性能，经表面处理可以获得优良的装饰性，对建筑物起保护和装饰作用。人造石材近年来发展迅速，在材料加工生产、装饰效果和产品价格等方面都显示了其优越性。

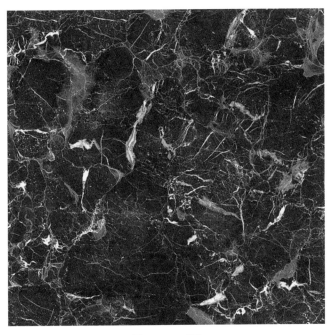

图 5.21　石材

石材具有纹理自然、质感厚重、庄严雄伟的艺术效果。还有一种是特色石材，特色石材的材质大部分为石英石、半宝石乃至宝石。部分宝石是珠宝首饰行业的主要原材料，所以极其稀有与珍贵。特色石材色彩绚丽且天然优美、纹路独特、千变万化，每个品种的纹路都是独一无二的。有的复杂多变，有的简单大方。如冰河世纪的纹路非常优美独特，几块大板拼在一起就形成了美丽的图案。

（6）塑料

塑料（如图 5.22 所示）是指以合成树脂或天然树脂为主要原料，加入或不加入添加剂，在一定温度、压力下，经混炼、塑化、成型等工艺制作而成，且在常温下保持制品形状不变的材料。塑料的优点：加工特性好；质轻，塑料的密度在 $0.8g/cm^3$ 至 $2.2g/cm^3$ 之间，一般只有钢的 $1/3 \sim 1/4$、铝的 $1/2$、混凝土的 $1/3$；强度大；导热系数小；化学稳定性好；电绝缘性好；性能设计性好；富有装饰性。塑料也存在以下几个缺点：一是易老化，塑料制品的老化是指制品在阳光、空气、热及环境介质中（如酸、碱、盐等作用下），机械性能变坏，甚至发生硬脆、破坏等现象；二是易燃，塑料不仅可燃，而且在燃烧时发烟量大，甚至产生有毒气体。三是耐热性差；四是刚度小，塑料中的纤维增强等复合材料以及某些高性能的工程塑料，其强度大大提高，甚至可超过钢材。

图 5.22　塑料

（7）玻璃

玻璃（如图 5.23 所示）种类繁多，按玻璃的化学组成分类可以分为钠玻璃、钾玻璃、铝镁玻璃、铅玻璃、硼硅玻璃、石英玻璃。按制品结构与性能分类可以分为普通平板玻璃（包括普通玻璃、浮法玻璃和钢化玻璃），表面加工平板玻璃（包括磨光玻璃、磨砂玻璃、喷砂玻璃、磨花玻璃、压花玻璃、冰花玻璃、蚀刻玻璃等），掺入特殊成分的平板玻璃（包括彩色玻璃、吸热玻璃、光致变色玻璃、太阳能玻璃等），夹物平板玻璃（包括夹丝玻璃、夹层玻璃、电热玻璃等），复层平板玻璃（普通镜面玻璃、镀膜热反射玻璃、镭射玻璃、釉面玻璃、涂层玻璃、覆膜玻璃等）。随着现代建筑发展的需要和玻璃制作技术的飞跃进步，玻璃正在向多品种多功能方面发展。玻璃制品由过去单纯的采光和装饰功能逐渐向着控制光线、调节热量、节约能源、控制噪音、降低建筑自重、改善建筑环境、提高建筑艺术形象等多种功能发展。具有高度装饰性和多种适用性的玻璃新品种不断出现，为室内装饰装修提供了更大的选择性。

图 5.23　印花玻璃

以上是常用材料的基本特征，设计师必须了解各种材料的特性和特点，才能将它们有效地运用到设计中去。德国建筑师米斯·凡·德·罗曾经说过："所有的材料，不管是人工的或者是自然的都有其本身的性格。我们在处理这些材料之前，必须知道其性格。材料及构造方法不必一定是最上等的。材料的价值只在于用这些材料能否制造出什么新的东西来。"由此可见，对于设计来说，应用材料最主要的目的还在于运用其创造新事物、创造新概念。

5.2.2 材料在设计中的运用

在当代社会中，人们已经不仅限于物质上的满足，更要追求精神方面的需求。优秀的设计作品应该不仅仅注重视觉上的表达，还要具有精神或者文化方面的内涵，具有更高的附加值，让观赏者能对设计作品产生情感上的共鸣。材料、色彩等是表达设计思想的重要表现手法。随着科技的进步，越来越多的材料进入人们的生活。材料作为设计思想的载体之一，在设计作品中的情感表达占据着重要的地位，不同的材料可给人们带来感官上和心理上的不同感受。

以自然材料为例，自然材料即自然形成的材料，比如植物、石材等。相对于人工合成材料，这些在大自然中天然形成的材料，是来自自然界的、天然的，不加工或者被少量加工的材料，保持着材料原始的肌理。自然材料不仅在古时被人们广泛使用，在将来也会有广泛的发展空间，与人、自然、社会拥有和谐的关系。自然材料的种类主要分为三种。一是零加工的自然材料（如图 5.24 所示），是指未经过任何人工处理的材料，保持材料本身的天然状态。比如动物的皮毛、岩石等。二是初级加工的自然材料（如图 5.25 所示），是指利用简单的手法对材料进行加工，只改变材料的形状，不改变材料的属性。比如被打磨过的木头或者石头，劈成段的竹子。保持材料原始的肌理，比较受设计师的喜爱。三是深度加工的自然材料（如图 5.26 所示），是指材料进行了复杂的人工处理，通过物理或者化学的反应组合再造。有些会改变材料的特性或者属性，比如复合型木材，增强了木头本身的硬度、耐腐蚀性等属性。

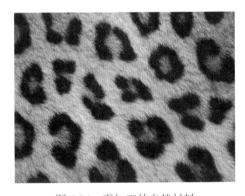

图 5.24　零加工的自然材料

图 5.25　初级加工的自然材料

自然材料（没有经过人工加工的材质）原始形态的表现主要是色彩、形状、肌理的表现。自然材料拥有着天然的色彩，某些自然材料随着时间、环境的变化，色彩上会产生变化。

在自然材料中色彩的纯度越高，它自身的肌理特性就会越弱，高纯度的色彩会让观赏者看到色彩的本身。在自然材料的色彩对比度上，色彩对比强烈的，肌理也会显得比较明显，会使人感觉到清晰明快。对比度比较弱的色彩会显得更加和谐统一，肌理也会显得比较弱。在形状上，应进行简单的裁切，不改变肌理原有的形态。这种自然材料审美性高于功能性，在某种程度上说，这种材质没有功能性。比如木材在潮湿或干燥的环境，会干裂、弯曲或者变形，这样难以有长久的使用性。但作为艺术品，具有偶然性和趣味性。在肌理方面，自然材料的原生肌理运用是设计的重要表现形式，利用肌理的自身的美感进行组合，可创作出具有冲击力的设计作品。这种设计手法在包装设计和建筑设计中最为常见，可将自然材质清新、自然、亲切的特性表达得淋漓尽致。

图 5.26　深度加工的自然材料

目前人工材料的种类越来越多，给设计和经济以更大的发展空间。从另一方面来说，大批量的工业化生产已经无法满足人们对自然的需求，也忽视了人们对精神层面的追求。虽然新的材料、新的技术在设计领域中层出不穷，但真正的设计创新不仅仅是表面化的新颖，更重要的是设计作品的文化理念。自然材料的艺术性和人们精神情感的完美结合，是设计师创作的灵感源泉。自然材料可以让我们深刻感悟到艺术来源于自然，并且是其它材质无法代替的。

5.3　色彩设计

我们生活在五彩缤纷的世界里，天空、草地、海洋、漫无边际的薰衣草等都有它们各自的色彩。你、我、他也有自己的色彩，代表个人特色的衣着、家装、装饰物的色彩可以充分反映人的性格、爱好、品位。设计爱好者对色彩的喜爱更是"如痴如狂"，他们知道色彩不仅仅是点缀生活的重要角色，也是一门学问。要在设计作品中灵活、巧妙地运用色彩，使作品达到各种精彩效果，就必须对色彩进行深入细致的研究。

5.3.1　色彩构成

（1）色彩的分类

色彩一般分为无彩色和有彩色两大类。无彩色是指白、灰、黑等不带颜色的色彩，即反射白光的色彩，如图 5.27 所示。有彩色是指红、黄、蓝、绿等带有颜色的色彩，如图 5.28 所示。

图 5.27　无彩色　　　　　　　　　　　　图 5.28　有彩色

（2）色彩的三原色和三间色

三原色指色彩中不能再分解的三种基本颜色，我们通常说的三原色，即红、黄、蓝。三原色可以混合出所有的颜色，同时相加为黑色，黑白灰属于无色系。三间色是指三原色当中任何的两种原色以同等比例混合调和而形成的颜色，也叫第二次色。例如红加蓝得出紫色，红加黄得出橙色，黄加蓝得出绿色，如图 5.29 所示。

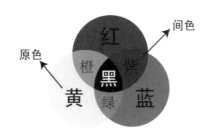

图 5.29　三原色和三间色

（3）色彩的三要素

我们常说的色彩三要素是指色相、明度和纯度。

色相：色彩的名称，也是色彩的相貌和特征。明度：色彩的明亮程度，即色彩在明暗、深浅上的不同。纯度：色彩的饱和程度。如图 5.30、图 5.31 和图 5.32 所示。

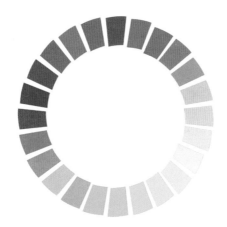

图 5.30　色相环

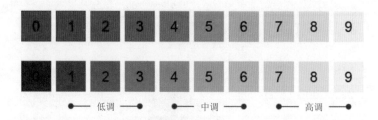

● ─── 低调 ─── ● ● ─── 中调 ─── ● ● ─── 高调 ─── ●

9 级明度色标

图 5.31　明度表

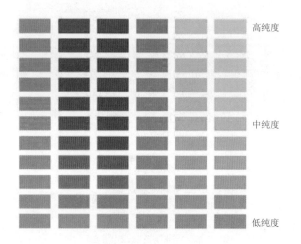

高纯度

中纯度

低纯度

图 5.32　纯度表

（4）色彩的冷暖

色彩的冷暖属性是指色彩给予人心理上的冷暖感觉。暖色艳丽、醒目，具有扩张的感觉，容易使人兴奋、感觉温暖；冷色神秘、冷静，具有收缩的感觉，使人安静平和、感觉清爽。暖色搭配多在日妆、秋冬时运用；冷色则在晚装、春夏运用较多。冷色在暖色的衬托下会显得更加冷艳；暖色在冷色的衬托下会显得更加温暖。色彩的冷暖色如图 5.33 所示。

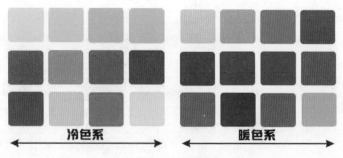

冷色系　　　　　暖色系

图 5.33　冷暖色

（5）色彩的联想

红色（如图 5.34 所示）：热情、火焰、兴奋、欢喜、口红、能量、生命力、愤怒、疯狂、激情。

图 5.34

橙色（如图 5.35 所示）：活泼、健康、精神、愉快、丰富、生机勃勃、柿子、桔子、年轻、明朗。

图 5.35

黄色（如图 5.36 所示）：轻快、明朗、愉快、月亮、可爱、温柔、轻盈、向日葵、娇气。

图 5.36

绿色（如图 5.37 所示）：春天、森林、公园、镇静、安全、生命、和平。

图 5.37

蓝色（如图 5.38 所示）：理想、诚实、天空、海、宇宙、自立、自制、忍耐、忠实、冷静、广大、理智。

图 5.38

紫色（如图 5.39 所示）：神秘、高贵、贵族、勿忘我、贝壳、紫罗兰。

图 5.39

白色：清洁、雪、纯洁、护士、珍珠、牛奶。

黑色：夜、孤独、乌鸦、死亡、墨、不安、丧服、压抑、罪恶、潇洒、都市。

灰色：影子、怀疑、雾霭、炭、水墨画、冬季的天空、忧郁、没精神、不安。

5.3.2 色彩心理学

色彩心理学是通过颜色来研究人类心理活动的科学。虽然没有被正式列入心理学的范畴，但是这门学问确实可以解决很多心理问题。例如，商家灵活运用色彩搭配来吸引顾客、增加销售额、提高品牌在顾客心目中的形象、刺激顾客购买欲等。

在现代设计当中，色彩不仅是一种表达方式，设计师们还能通过色彩来表达内在情感和寓意。在艺术设计中，色彩心理学对于个人的教养和创作能力具有很大的影响力。在探索和研究色彩在艺术设计中的运用时，不仅要求我们了解色彩的基本知识，而且要掌握人们对色彩的心理诉求，从而更好地发挥色彩在设计当中的作用。

在广告设计当中，色彩起着吸引人的眼球、刺激消费者购买欲望的作用，所以在广告设计中对于色彩设计要求非常高。色彩若是使用得当，可以使广告设计更有感染力和亲和力，并且赋予人们情感上的互动，同时还能拉近消费者彼此之间的距离。在广告设计中，色彩变化最明显的是体现在季节上，同一种类型的广告可能因为季节不同而出现不一样的色彩变化。例如夏天做冰镇饮料的广告时，画面往往会出现冷色调的冰山，以此带来清凉的感觉；而在冬天，蛋糕、下午茶等广告均是暖色调的搭配。其主要原因就是根据人们内心需求的变化而选择不同的色彩，以此更为贴近人们内心的真实想法，由此获得认同感，如图 5.40 和图 5.41 所示。

图 5.40　夏季冰镇饮料的广告

色彩在室内设计中的作用也极大，它无时无刻不在影响着我们的生活。色彩的丰富变化可以调整人的心理与情绪，激发人的想象，促进人的奋进情绪。从性别上来讲，一般男士喜欢无彩色系，女性偏爱高饱和度色彩。从年龄上来看，20 岁左右的女性喜欢粉嫩、浅紫红色、黄色系的空间色彩，同年龄段的男性则喜欢鲜艳的绿色系空间色彩；30 岁左右的女性喜欢青灰色系、银色系，同年龄段的男性与这个年龄段的女性喜好类似；50 岁左右的女性喜欢红色、深色系，同年龄段的男性则喜欢黑色和深色系。根据以上调研，可以肯定的是，室内设计师在进行居室空间设计的时候，一定要注意色彩的搭配，这样才能更加满足客户的需求。其实，除了年龄上的色彩喜好差异以外，社会经验和心理状态也会对色彩搭配有所影响。比如住在农村的村民大都比较喜欢鲜艳的、互补的色彩关系，而高级知识分子如教师等都喜欢明亮色、调和色、暗色等。此外，民族之间的差异也会形成不同的色彩使用习惯。如中式传统风格一般使用木材本色，在此基础上，辅助以红、黄、蓝、绿等；传统日式风格常以竹、藤、麻等自然色为主要色调，追求一种禅意的境界；古典欧式风格总体感觉色彩丰富、造型美观，色彩搭配中常以黄、白色系为主，辅助以金色、墨绿色和深棕色等，将华丽优雅的风格展现得淋漓尽致。

图 5.41 冬季蛋糕广告

综上，色彩使用和观赏的主题是人，所以色彩的使用与人们的生活息息相关。要想创造出好的设计作品，一定要考虑是否满足使用者的心理需求，这样才能使设计人性化。同时，还需要对不同的人群做深入研究，这样才能创造出个性化的设计。

5.3.3 色彩在 VR 设计中的应用

色彩在 VR 设计中的应用主要体现在视觉色彩设计方面，这是由于 VR 作品所具有的特殊观赏性质所决定的。VR 设计中的色彩应用其实是与设计内容息息相关的。如游戏设计需要考虑的是色彩与整体游戏风格是否搭调，室内样板间设计考虑的是室内设计风格，旅游广告设计考虑的是视觉效果是否和谐等。下面将详细分析色彩在 VR 设计领域的具体应用。

以 VR 游戏为例，玩家们戴上 VR 面具，穿上带有传感器的服装，就能玩一场酣畅淋漓的游戏了。在游戏中，4D 效果是必不可少的。玩家在游戏里隐蔽在大树下时能感受到粗糙的木纹，子弹打穿水管时会有水花飞溅，在穿越空间的时候可以感受到"推背感"等，这些具有沉浸式的真实体验是 VR 游戏未来发展的趋势。那么色彩在这样的发展趋势下具有何种作用呢？首先，要想实现木纹的真实肌理效果，除了贴图以外，很重要的一点是把握色彩的柔和度、对比度，以此实现仿真的效果。其次，游戏界面设计中的色彩设定将会影响整个游戏的质量和玩家的第一印象。例如风靡一时的游戏《水果忍者》，其设计师设计的界面色彩使玩家感受到了强烈的古朴风格，古色古香的界面色彩使玩家爱不释手、享受其中。再如《捕鱼游戏》作成 VR 效果之后，呈现在玩家眼前的就是一片海底世界，美妙的海底色彩给人身临其境的感觉，比 2D 时的游戏增添了不少趣味性。

在进行游戏的界面色彩设计时，需要注意以下几点。一是色彩不可五颜六色，没有重点。过于复杂的色彩就会失去基本的色调，无法合并和简化游戏里的诸多信息，比如文字、导航等。二是色调搭配、色系搭配、色彩对比等关系若是处理不好，会给玩家带来严重的视觉疲劳感。如果游戏的背景图和文字颜色等界面因素形成了强烈的色彩对比，使两者之间不能融会贯通，则会给人生硬的感觉。另外，颜色太过相近也会让玩家受到视觉模糊和难以辨别信息的困扰。三是用色需要以玩家的心理为主导。用色的针对性很重要，比如玩家是儿童，那么色彩选用上需要偏向活泼、鲜艳，多使用暖色调。

综上，VR 游戏的色彩设计需要根据受众的具体情况进行进一步地优化配置，这样提供的配色方案才可以使游戏更加完善，吸引更多玩家，取得更大的利益。

5.4 交互设计

交互设计，从字面上理解就是 A 和 B 之间的一系列动作与行为。互动不仅限于人与人之间，还可以发生在系统和系统之间。比如人和机器，人和环境，机器和环境等。那么，交互设计要做的事情，就是让两个系统之间更好地"对话"，VR 设计便是人机交互的最佳体验和展示。

5.4.1 交互内容设计

交互设计的内容与其整个设计思路是紧密相关的，主要是指全设计过程中所涉及到的任务。交互设计内容大致如下：

一是定性研究；二是确定人物角色；三是写问题脚本；四是写动作脚本；五是画线框图；六是制作原型；七是专家评测；八是用户评测。

当然，每一种产品的开发，讨论和分析的侧重点将会不一样。一个产品从无到有，首先需要经过需求分析这一阶段。我们需要给产品进行定位，了解用户群体。他们的特征是什么？我们的产品需要解决用户的什么痛点？如果有竞品，我们与其相比，优势差异在哪里？产品具有哪些功能特征等。其次是交互设计阶段。在该阶段需要完成任务分析、导航设计、页面流程图、用户操作流程图、页面布局设计、初稿评审、详细交互设计和终稿评审几个步骤。在进行交互内容的详细设计过程当中，需要完善不同状态下的页面布局和内容展示、用户操作反馈提示、通用或异常的场景等。在内容设计方面最为重要的便是操作流程的逻辑是否完善合理。如果逻辑清晰，那么用户操作起来将会便捷许多，反之，会令人觉得繁琐无趣。

5.4.2 交互形式设计

交互的形式设计与内容设计是相辅相成的，内容把握好方向之后再在形式上跟上步骤，便可以使整个作品呈现出良好效果，二者缺一不可。

交互设计的形式主要是指视觉设计内容。交互设计师需要向视觉设计师介绍交互原型。对输出的视觉设计方案，需要从交互角度予以评估。比如与交互设计初衷是否一致、内容的主次是否表达得当、是否有细节遗漏或错乱等。在这一阶段，更多地是要考虑美感方面的设计。形式美不美，主要看设计师的艺术设计功底，包括平面构成、色彩设计、空间设计等。除此之外，在页面规范、信息规范方面也有着相应的要求，大体如下：

页面规范泛指页面的静态信息应该遵循的规则。包括标题规范、新窗口链接规范、图片使用规范。

信息规范主要是指各项提示信息的规范。包括预先信息提示、操作信息提示和结果信息提示。其中预先信息提示里面又包含表单提交类、谨慎操作类和差异化规则；操作信息提示里面包含操作确认提示和操作错误提示；结果信息提示里面包含查询类结果、保存类结果和附加类结果。

除此之外，在控件设计上也需要有一定的规范。当有一些功能（如标准评论框、标准好友选择器等）会被多个模块复用的时候，需要把这些功能提炼出来设计成通。有了页面信息规范、交互信息规范、通用控件规范就能保证页面信息的一致、交互方式及提示的一致、通用功能模块一致，从而保证产品的一致性并提高产品质量。以上所有规范都是构成交互形式设计的重要组成内容。

5.5 音效设计

音效或声效（Sound Effects 或 Audio Effects）是人工制造或加强的声音，用来增强对电影、电子游戏、音乐或其他媒体的艺术或其他内容的声音处理。包括数字音效、环境音效、MP3 音效（普通音效、专业音效）。

5.5.1 音效的功能划分

1979 年，科幻电影《异形》的声音监制、《Sound Effect Edit Art》的作者马文肯纳认为音效具有以下三个功能：

（1）模仿真实的事物。

（2）加入和创造荧幕外并不真实存在的物体。

（3）帮助导演创造一种情绪。

据此而论，我们可以推断出虚拟影像的音效设计一般需要满足以下几个层面的需求：一是要求声音与画面的真实性相匹配；二是要设计出一种新的声音符号，可以让人通过声音联想到某种特定的场景；三是能够传递出一种情绪，给人很强烈的场景带入感。

首先，音效的第一功能是模仿真实事物。我们可以通过声音感受到画面中的物体便

是真实的、鲜活的。比如视觉画面中出现了火车鸣笛的效果配上真实的音效，就会让人感觉到火车仿佛在身边一样真实，给人一种视觉和听觉相融合的体验。物理学专业出身的著名声音设计师本博特（Ben Bum）自述道："当我去设计一个新的音效时，会先思考如果这件物体是真实的，那么它在物理学中可能会发出怎样的声音。接着去做大量实验，但是往往会发现这样制作的声音并不巧彩。于是我会以此为基础再思考导演和情节需要怎样的情绪，再根据这些情绪去设计声音。"

其次，音效的另一功能便是可以加入和创造荧幕外并不真实存在的物体。比如科幻影片中的事物，一些并不是现实中真实存在的事物，而是人们根据想象创造出来的，那么为这些事物设计音效时势必要借助于人们的想象。

最后，音效设计还可以帮助导演创造一种情绪。比如导演想要营造一种恐怖的氛围，通用手段便是扩大主观音响，如将人物动作行为的声音夸大处理，周围无环境声。

5.5.2　音效设计的三个方面

音效设计的三个方面主要是指为了营造出更加真实的氛围而进行的音效设计。一是数字音效，二是环境音效，三是特殊音效。这些真实的氛围包括音乐本身的声音、场景的真实声音、配音、效果音等。

首先，数字音效主要是针对场景中的各项音效进行数字调节的一种模式。比如，我们使用不同的声音播放效果传递给听者的感觉将会不一样。有的人喜欢在这一场景中感受古典气息，那么可以调整数字音效的播放模式，以达到自己身临其境的感觉；有的人想感受现代气息，那么也可以通过调整音效播放模式而改变整个风格。数字音效的一大亮点便在于其可更换性强，能够随时展现出不同风格的音效。

其次，环境音效主要是指将音效设计成不同场景中的效果，使声音听起来带有不同的空间特性。比如模仿在大厅中的说话声音会将音效的延迟等进行处理。环境音效主要是针对声音进行环境过滤、环境反射等处理，使听者感到仿佛置身于不同环境当中。

最后，特殊音效。此类音效是在音效设计当中最为丰富多彩的部分。比如语言的变换、警笛声、电话铃声、环境噪声、材料声音、机械声音等。每一种类所发出的声音都是特殊的，不一样的，所以音效设计师在进行音效设计的时候，一定要使创造灵感来源于生活，才不至于声音"失真"。

5.5.3　声音在 VR 设计中的实现方式

在了解了音效设计的基本知识之后，我们到底应该如何为虚拟现实（VR）作品设计音效呢？首先，我们需要了解 VR 中音乐的角色。以 VR 游戏为例，当我们在观看游戏效果的时候，通常会听到所谓的"画外音"，意思是说，当环境中的人物在跳舞或者进行某种动作时，其实是没有音乐伴奏的。但是在虚拟现实作品当中，我们去执行交互或者观看的时候会听到许多声音，有时候会让人分心去专注于音效中，从而忽略重点关注对象。以上例子是用于说明，为了避免沉浸感的打断和割裂，我们必须保障音乐本身不会太明显，不要让玩家分心。因此我们可以发现，游戏中的音乐通常是时隐时现地、轻柔却又不间断地萦绕在耳边。当然，值得注意的是，在游戏开始或结束的时候音效设计会特别明显。

除了以上需要注意的地方，还有一点需要关注，那便是交互过程中所产生的音效。这些声音通常是模拟现实事物的声音或者特殊制作的音效，这些音效可以让人感觉到所观看的对象具有真实感，这也是仿真效果的实现因素之一。此外，对于延迟的把握也是有精确要求的。例如一个物体掉落到另一种材质上的时候，音效首先需要具有高度的同步性，对于位置的表现力来说，音效是否同步将决定用户是否能继续沉浸其中。所以，音效设计在时间和位置的同步上是要求必须一致的。

综上，VR 音效设计重点在于两点，一是环境声，二是特殊音效。对这两者都有一个共同的要求，就是"更加真实"。因此，对于现有的技术和制作流程来说，要创造出更加逼真的声音体验，无疑是对 VR 音效设计提出的更高要求。

本章小结

本章主要是探讨影响 VR 体验效果的因素，VR 设计与其他设计一样，都会受到造型、材料、色彩等的影响。

首先，造型设计是决定作品美感的第一要素。造型好不好，可以让体验者选择是否对作品进行深入了解和感受。如平面构成、立体构成与空间构成，设计时是否达到了构成美，是检验作品审美程度的标准之一。

其次是材料。目前人工材料的种类越来越多，给设计和经济以更大的发展空间。从另一方面来说，大批量的工业化生产已经无法满足人们对自然的需求，也忽视了人们对精神层面的追求。虽然新的材料、新的技术在设计领域中层出不穷，但真正的设计创新不仅仅是表面化的新颖，更重要的是设计作品的文化理念。

再次是色彩。色彩可以充分反映人的性格、爱好、品位。VR 设计中的色彩应用其实是与设计内容息息相关的，如游戏设计需要考虑的是色彩与整体游戏风格是否搭调，室内样板间设计考虑的是室内设计风格，旅游广告设计考虑的是视觉效果是否和谐等。

除了以上三种要素以外，还有交互设计与音效设计。交互设计，从字面上理解就是 A 和 B 之间的一系列动作与行为。互动不仅限于人与人之间，还可以发生在系统和系统之间。比如人和机器、人和环境、机器和环境等。那么，交互设计要做的事情，就是让两个系统之间更好地"对话"，VR 设计便是人机交互的最佳体验和展示。而音效是人工制造或加强的声音，用来增强对电影、电子游戏、音乐或其他媒体的艺术或其他内容的声音处理。VR 音效设计，重点在于两点，一是环境声，二是特殊音效。对这两者都有一个共同的要求，就是"更加真实"。因此，对于现有的技术和制作流程来说，要创造出更加逼真的声音体验，无疑是对 VR 音效设计提出的更高要求。

综上，设计师需要处理好五大要素才有可能使 VR 作品呈现出优质的效果。

第 6 章
VR 设计创意

所有的设计都需要讲究设计理念，有了一个明确的设计理念之后便可以发挥出许多设计创意，由此创作出绝妙的设计作品。同时，每一个设计作品都需要具备自己独特的气质形态，给不同的视觉受众对象以不同的美好联想，这便是设计创意的目标。

6.1 设计创意的特点及原则

6.1.1 设计创意

创意是一种具有创造性的行为，人的感觉对于设计创意来说有着十分深远的影响，这种影响可以是积极的，也可能是消极的。至于如何把控趋势，与设计师和受众对象都有一定关联。不过从某种程度上来说，设计师的责任更大一些。因为设计师作为传递者，有职责创造出美好的事物，帮助和引导人们朝着积极的方向去发散思维。设计师创造出来的作品一定是具有自己的特点的，并且应保持着一定的原则。

6.1.2 设计创意的特点

VR 技术作为数字媒体技术的新型领域有着自身的发展优势。其所承载的文字、图形、图像、声音、视频影像和动画等媒体，正在被广泛地运用于生活中的方方面面，对人类的影响和意义超乎想象。具有远大发展前景的 VR 领域在发展过程当中形成了以下几大特点：

一是数字化特点。过去我们所熟悉的媒体几乎都是以模拟的方式进行存储和传播的，而数字媒体确实以比较特殊的形式通过计算机进行存储、处理和传播。现在流行于我们身边的 VR 技术便是最好的例子。其借助于一定的硬件设备，将传统的音视频、室内设计、广告设计等信息进行展示，给人一种别开生面的体验和感受。比如故宫近年推出的数字化 IP，可以让参观者戴上 VR 眼镜给御花园小鹿"喂食"。据故宫工作人员介绍，他们在查找史料的记载中曾发现御花园内的确有一处地方可能是以前饲养驯鹿的地方，但是以故宫目前的条件肯定无法还原当时的场景。所以他们将"饲养驯鹿"的场景作成 VR 景观，给游客提供全新的体验。

"饲养驯鹿" VR 景观只是故宫数字化建设的一个小小的部分，还有已经建设比较完善的数字展区"三希堂宫廷原状"。此项目利用高清投影系统构建起三面包裹的沉浸式立体虚拟环境，高度仿真模拟三希堂，使观众身临其境地"零距离"欣赏宫廷原状陈设，感受宫殿室内空间。据体验者反映，真实的感官效果比肉眼看得都要清楚。故宫三希堂VR截图展示如图 6.1 和图 6.2 所示。

图 6.1　故宫三希堂 VR（1）

图 6.2　故宫三希堂 VR（2）

二是交互性特点。交互性能在以前的模拟领域中很难实现，但是在数字领域中却容易得多。计算机的"人机交互功能"是数字媒体的一个显著特点，而 VR 技术则有可能是下一代最具有代表性的人机交互技术。所以，现在进行创意设计的时候，势必将人机交互性能是否良好作为一大考核条件，这也是设计创意的一大亮点。比如一个 VR 样板间设计，当体验者戴上 VR 眼镜走入样板间场景当中，看到桌子上有茶壶，可以拿起来倒水；看到盆栽植物，觉得不好看，可以自己替换掉其他植物；看到卧室的门是关着的，可以自己打开门走进去看个究竟等。这些都是比较简单的人机交互设计，在 VR 样板间设计当中最突出的一个特点当属装饰风格替换。意思是说当体验者不满意当前样板间的设计时，可以根据场景布局和设计，自己进行重新设计和布置，以实时获取样板间的装饰效果，深刻体验样板间。

三是趣味性特点。之前出现的互联网、数字游戏、数字电视、移动流媒体等为人们提供了广阔的娱乐空间，新媒体的趣味性被真正体现出来。那么 VR 作为集数字、游戏、实用、新媒体等为一体的新兴产业，必然需要具备趣味性特点，以获取更多的体验受众。比如传统游戏是给人平面的感觉，而 VR 游戏凭借 VR 设备的功能可以将玩家带入到游戏场景当中，甚至可以换身成为游戏角色，临场感特别强烈，趣味性也大大增强。

四是集成性特点。结合以上几大特点可以发现 VR 技术是具有集成性特点的。传播范围广、展示内容丰富、人机交互性强、受众者个性化、展示效果智能化等都是其他技术所不能比拟的。

总之，VR 创意设计正在占领整个社会，我们周围的很多产品很快便会被数字化的产品所取代，未来的生活当中也肯定少不了数字化产品。设计师们的创意必然会贴近人们生活中的各项需求，渗透到生活的方方面面。

6.1.3 设计创意的原则

我们都知道，要想设计出好的作品，首先是满足人的实际需求，其次是满足精神需求，最后还要结合社会的需求。一个好作品是需要兼顾许多方面的，那么我们在进行 VR 设计的时候，需要把握好哪些原则呢？下面将从几个方面进行分析。

一是 VR 模型、色彩、材质、交互界面等设计要素之间需要统一的原则。创意形成的过程当中需要考虑到设计要素相互之间的协调性，使整体看起来协调统一。如果这些要素的变化过多，则会破坏整体的效果。在进行创意设计的时候可以采取重复的方法，比如重复的造型、色彩、材质等，这样可以形成统一的效果。

二是重点内容的强化设计原则。即重点要突出，分出主次效果。设计类似于做文章，如果通篇内容保持一致没有突出的重点，则会失去趣味和看点，设计也是如此。过于统一会显得平淡无奇。设计非常忌讳无亮点，这样会失去特色。在设计过程中，可以划分出几个节点作为重点设计内容，打造出作品的特色和亮点。比如每一个交互环节设计一个趣味性的内容，这样可以吸引体验者的注意力。除此之外，还可以在色彩方面进行一些心理暗示设计。如重点操作按钮设计成深色，其他按钮设计成浅色，这样可以正确引导操作者。

三是展示画面保持视觉平衡的设计原则。VR 设计不同于其他设计的一点在于其内容需要通过 VR 设备展示，那么所有设计的内容需要保证每一项展示画面都呈现出视觉平衡的效果。如果产生左低右高或者左高右低的画面，会让体验者产生眩晕等不良反应。

四是设计元素的比例要协调。涉及到色彩的比例、造型的大小、画面的分隔比例等均需要考虑到人的视觉习惯和接受范围，不能太大也不能太小，过大会让人眼睛发胀看不全画面，反之则会看不清内容。

五是设计元素需要具备一定的韵律感。这是指通过设计元素的反复来形成一种柔和的动感效果。比如色彩的深浅变化、形状的大小变化等，逐渐形成一种韵律美。

除了以上几点原则，创意设计还应该遵循人的心理学、生理学、文学、艺术等多个领域的原则，将各个方面融为一体进行考虑，使设计作品具有综合性的特点。

6.2　设计创意的产生过程

设计创意的产生过程主要是指创意的萌发和定案这一过程。爱因斯坦曾经说过："我满足于做一名按照自己的想象自由绘画的艺术家，想象力比知识本身更为重要。知识是有限的，而想象力使世界丰富多彩。"由此可以看出，设计师需要具有丰富的想象力，由此作为设计创意的源泉，然后利用设计知识从多个方案中挑选出最终的设计方案。在这一过程当中，要克服许多存在于创意过程中的各项问题，才能创作出经得起检验的设计创意。

6.2.1　头脑风暴阶段

头脑风暴阶段是许多设计创意产生的必经过程，这一阶段可以获取许多有效信息。但是在进入头脑风暴阶段之前，首先需要搜集大量的资料。对于一个设计开发组而言，设计创意的新颖程度和思维的跨越维度在很大程度上都取决于资料搜集和分析应用的情况。

比如要设计开发一个 VR 样板间项目，那么在进行头脑风暴之前，我们需要了解样板间的地理位置、地域建筑特色、风格取向、出资人的相关需求和目标等。有了这些信息和资料，才能在头脑风暴阶段进行有效的沟通，针对设计项目的各个方面展开设计原则和设计大方向的讨论，以求获得尽可能多的想法。最为理想的结果是，通过这一阶段可以解决所有罗列出来的问题，定下相应的解决方案。

头脑风暴阶段可以采取以下两种手段进行创意的搜集：

一是想法递进的手段。首先由一个人提出一个想法，然后其他人在此基础上通过引申、发散、设计元素调整、多个方向思考、同类置换等思维方法逐步深入这个想法，由此形成一个较为完整而深入的创意。

二是自由式的手段。这一方式是指参与头脑风暴的人员不受任何限制地去构思和发散出新的想法，思维方向多样、跨度较大、创意点比较多，最后挑选出一个最为理想的方案。

在头脑风暴阶段，最为明确的目标便是通过利用各种办法将所有设计者的智慧和经验想法集中在一起，从而得到一个比较全面和多样的创意，这是设计创意形成的第一阶段。

6.2.2　对比及确认阶段

对比及确认阶段依然是指设计创意的定稿阶段。在这一阶段需要筛选头脑风暴阶段搜集到的各项创意和信息，然后将可行性比较高的几个方案进行对比，由此最终确认设计方案。在设计方案和创意都还只是概念性阶段的时候，一般要从满足国家设计规范和有关技术标准的基础上着手进行审查，然后要审核设计方案是否符合项目策划和产品策划的具体要求，最为关键的是还要满足市场竞争的需要。在 VR 产品设计与开发的过程当中，一般从以下几个方面制定方案评审标准：

一是设计方案是否符合项目定位和项目主题概念。比如福建网龙公司开发的 101 教育 PPT 项目，设计出来的几套方案是否都达到了最初项目目的一览表中的各项内容，设计的效果如何，由此对各个方案进行一一对比和排除。

二是整体创意和艺术感染力营造得好不好，这是审美层次的评价标准。我们都知道"一千人眼中就有一千个哈姆雷特"，在承认人们审美标准差异的前提下，要尽可能采用大多数人的审美倾向。比如在色彩的喜好上，大多数人在面临冷暖色调的选择时会自主地选择暖色调，这是由于人们内心里大多是向往温暖、阳光的。

三是设计方案是否超前、引领新的生活方式，这主要是针对技术层面的审查标准。现在云技术、虚拟现实技术都是前卫的高新技术，它们正在不断地改变人们的生活。智慧化城市、智慧化家庭的创建，更是为这些新技术创造了一个发挥其用武之地的摇篮。在进行 VR 产品设计的时候，要尽可能多地考虑新技术的运用，并且要大胆地去尝试。

四是设计方案运行的可行性分析。无论是哪一个领域，在孕育新生事物的时候，都需要考虑其投入市场的可行性。所有的设计都期望被实现，由此才能体现其价值。比如室内设计，设计师的想法再美好、设计效果图再好看，若是不能施工，一切都是纸上谈兵，无实际价值。VR 设计方案也是一样，虽然结合了新技术，但如果有些效果是目前的技术水平无法实现的，那将面临市场危机。不过，作为设计师，对好的创意和设计应该保留并且大胆去创新，期待新技术的发展能够实现设计方案。

以上是审核设计方案的几个标准，供大家参考。最终到底选择什么设计方案，还需要结合项目的各项实际条件综合分析。

6.2.3 检验及使用阶段

设计方案经历了前面几个阶段的沉淀之后便可进入设计制作阶段了。在设计方案制作的时候，每一个步骤都有可能推翻重来。比如三维模型制作的时候，有些模型制作不出来，就需要重新设计，用新的设计方案替换原来的方案（制作过程参考 4.6 节的内容）。

当所有的制作过程全部完成之后，若没有出现新的问题便可以投入使用。

6.3 设计创意的思维方法

思维是指人心理范畴的活动，是感觉、知觉、记忆、思想、情绪、意志这一系列心理过程中的一种心理活动。这是一个理性的认识阶段，在这个阶段，人们经过思考，对丰富的感性材料进行改造制作，透过事物的现象和外部联系进而认识事物的内在。一般思维方法从表述的角度说有形象思维、技术思维、逻辑思维；从认识的角度说有抽象思维、具象思维、知觉思维、灵感思维；从哲学的角度讲有具体思维、抽象思维，此外还有单一性思维和系统性思维，顺向性思维和反馈性思维等。下面就常见的抽象思维、具象思维和灵感思维进行详细介绍。

6.3.1 抽象思维

抽象思维又称逻辑思维。抽象思维创作是指将设计构成中的基本元素通过抽象思维方式将其合理运用到设计当中。抽象思维是设计创意与创新的必要方式。

抽象思维在设计中的运用主要体现在基本造型上，如几何形、有机形、偶然形等。几何形看起来规则有序、骨架有力，给人带来一种稳定、冷静的感觉；有机形是指曲面或者曲线形成的形状，给人一种自由、柔和、自然的感觉；而偶然形是生活中不经意出现或形成的形态，比如水滴、云纹等，自然且没有规律，这种独特的偶然效果是设计师梦寐以求的。这些基本造型的营造和创造可以为设计增添许多美感，有循规蹈矩的美，也有自然无约束的美。无论是哪一种美，都是需要设计师通过抽象思维的方式所表达出来的。

6.3.2　具象思维

具象思维也称形象思维，是指设计师通过对客观事物的印象，借助某种艺术手段进行创作的过程。具象思维创作是依据自然的形态来进行描绘的，包括宇宙、地形地貌、动植物的形状、细胞的奇妙景象等，不论大小，均可以分析提炼出设计元素。从自然界中吸取到的形态运用到设计当中，可以表现出非常具体的特征和形态结构，作品容易辨认与记忆。

比如大嘴猴国际知名品牌的 LOGO，以一只猴子为设计元素，通过点线面的简洁处理，并对猴子的嘴巴部分进行夸张表现，使猴子的形象显得非常的可爱与淘气。通过这样的处理风格，不仅可以让产品具有亲和力，更加深了人们的记忆，对传递大嘴猴的品牌价值起到了非常重要的作用。由此也说明，具象思维在设计当中的运用无处不在。

6.3.3　灵感思维

灵感思维方法是由著名广告创意人詹姆斯•韦伯•杨（1886－1973）提出的。这一方法的特点是突然性、稍纵即逝性和创新性。创意的产生有时就像海市蜃楼一样，神秘而不可捉摸，这就是灵感思维。

当然，并不是所有人的灵感思维都能被确认为设计创意。比如一个没有设计经验的人，他的想法可能就只是停留在想法的性质上，难以转换成设计创意。意思是说，创意、构思的产生，还得建构在已经有的经验和知识基础之上，在此经验基础上才能在某一特定的时间迸发出灵感，且得以展现出来。

将这一思维方法运用到虚拟现实设计当中，可以帮助设计师解决许多疑难杂症。比如 VR 游戏设计当中，有的客户喜欢一种方式操作，而有的客户喜欢另外一种方式操作，在这种情况下，灵感思维可以帮助设计师想出多样化的操作方式来适用于不同喜好的体验对象。

6.4　设计创意的创造技法

我们都知道，设计当中的创意才是设计作品成功与否的关键。如果我们在设计创意上出现了偏离，那所有的努力也就付之东流了。下面将介绍几个常用的创意创造技法，包括头脑风暴法、列举法、组合法、检核表法，供大家在进行设计创意征集时加以应用。

6.4.1　头脑风暴法

诺贝尔文学奖获得者萧伯纳曾说过："倘若你有一个苹果，我也有一个苹果，而我们彼此交换,那么,你和我仍然只是一人一个苹果。但是,倘若你有一种思想,我也有一种思想,而我们彼此交流,我们每个人将各有两种思想。"由此可见,对于思想来说,交换会获取更多的思想。头脑风暴法便是这样的一个交换方法。

头脑风暴法是在无拘无束的环境下进行的思维爆发和思维冲击。相较于传统的会议讨论来说,可以避免多数人一致意见的压力,也可以免去领导或者老板的权威所带来的影响,可以避免随意的批判或者部分参会者沉默寡言、思维不活跃等。头脑风暴法能够营造自由愉快、畅所欲言的气氛,让所有参加者自由提出想法或点子,并以此相互启发、相互激励,引起联想和产生共鸣,从而诱发更多的创意及灵感。

头脑风暴法有两个基本原则:一是参会者只专注于提出构想,不对想法加以评价;二是不局限参会者的思考空间,鼓励大家天马行空去想象和发散思维,主意越多越好。

头脑风暴会议有三个阶段:一是准备阶段,包括确认讨论主题,准备会场,组织人员;二是头脑风暴阶段,包括宣布主题,头脑风暴,整理构思找到关键点;三是会后评价。在进行头脑风暴的过程当中,为了让参加者的灵感相互激励引发灵感的连锁反应,应督促参加者在规定时间内将自己的灵感写下来,并要求他们在各自发言前将内容整理清晰明了,以便记录员记录下来,进而让他人看到后能够产生更多联想,激发更多灵感。

6.4.2 列举法

列举法是指针对某一具体的产品或者特定的对象,仔细分析其各个方面的内容,经过批评、比较、改善等手段,挖掘和创新新的思路。

常见的列举法应用当中以缺点列举法、希望点列举法和特征点列举法使用最多。

(1)缺点列举法

缺点列举法就是找出某具体事物的缺点,将其一一罗列出来,然后再从中选出最容易下手、最有经济价值的对象作为创新主题。比如传统游戏中有一个缺点就是交互性设计并不太理想,人机相结合的状况不太良好。而VR游戏凭借超前的人机交互模式快速发展起来。VR游戏为人们提供了感受强烈的三维空间体验和人机交互快感,其沉浸感和置入感十分强,深受大众喜爱。

(2)希望点列举法

如果说缺点列举法是寻找事物的缺点来作为创新的原动力的话,希望点列举法则是根据人们对事物的愿望和需求来进行创新的技法。

希望点列举法在运用的时候需要注意以下几点:一是应该了解人类有哪些需求和希望。二是注意特殊群体的需求和希望。比如盲人、聋哑人、残疾人、孤寡老人、精神病人、有特殊嗜好的人等。三是善于发现潜在的需求。比如居住在城市里的居民,他们很难呼吸到新鲜的空气,于是有人将深山老林中的新鲜空气压缩后装在钢瓶中到大城市开设氧吧,获得了较好的市场价值。

对于各项需求和希望点,真正有价值的只是极少数,必须进行分析和鉴别,以确定能形成创造客体的希望点,成为设计的源泉。

（3）特征点列举法

特征点列举法也称属性列举法。首先需要将事物按照不同的类别进行全面的罗列和归类，然后在所列举的各个项目中，试着将各个属性进行加减置换，最后找出具有可行性的创意。

这一列举法是美国创造学家克拉福德教授研究总结出来的。他把一般事物的特征分为以下三个部分：一是名词特征，是指采用名词来表达的特征。如事物的全体特征、部分特征、材料、制造方法等。二是形容词特征，是指采用形容词来表达的特征。主要是指事物的颜色、形状、大小等。三是动词特征，是指采用动词来表达的特征。主要是指事物的功能，包括在使用时所涉及到的所有动作。

在了解了分类规则之后，便要对列举出来的特征属性进行分门别类的分析，然后利用各种属性间相近、相联的关系进行重新组合，由此获得新的创意。

6.4.3　组合法

组合法是列举法运用之后的一个深入过程。从人的思维角度来看，想象和思考的本质就是组合。最具有代表性的事情就是中国古代的"龙"，据说龙是以蛇为主体造型，结合了兽脚、马头、鹿角、鱼鳞等特征，由此创造出了一种超现实想象的事物。组合法可以帮助人们创造出许多杰作，我们应该学会如何应用此方法。

目前，组合法的类型以以下三种最具代表性：

一是日本学者总结出来的非切割组合、切割组合和飞跃性组合。非切割组合是指仅将外形进行改变，其他不变，然后将原有的功能用于新的目的；切割组合是指将现有事物中的结构要素分开来，再将分隔开的元素进行组合，用于新的设计；飞跃性组合是指以创造性思维产生飞跃性的创意，最终创造出与现有事物在本质上有所不同的东西。

二是我国学者董玉祥提出的利用数学的集合论的思想。即按照 6 种基本的集合运算：并（$A \cup B$）、交（$A \cap B$）、差（$A - B$）、补（$\sim A$）、对称差（$A + B$）、叉（$A \times B$)进行分类。意思是说在一个基础对象的前提下，加减并叉进行组合，以获取新的创意。

三是实用化的分类组合。包括同类元素组合、不同的材料组合、部分元件相互组合、工艺方法组合、技术原理与技术手段组合、现象组合、分解组合及综合组合应用。

总之，组合法是一种以综合分析为基础，并按照一定的原理或规则对现有的事物或系统进行有效的综合，从而获得新事物、新系统的创造方法。

6.4.4　检核表法

检核表法由奥斯本提出，是一种具有较强的启发思维的创新手法。主要是根据需要设计或者研究的对象所具有的各项特点罗列出有关问题，形成需要检核的图表。然后有针对性地一一探讨解决。有了检核表的指引，可以引导人们根据罗列出的项目的一条条思路来求解问题，以力求比较周密的思考。这在创新思维方法里面属于比较严谨周密的一种，能带来很多具有可行性的思路。

在运用这一思维方法的时候，要从横向进行思考，尽可能将各项特点及问题罗列清楚，以便提出有效的解决方法和创意设计。一般情况下可以从以下几个思路进行延伸：

一是用途方面的思考。检核设计对象有没有新的用途？是否具有新的使用方法？可否改变现有的使用方法？

二是类比方面的思考。检核设计对象有无类比的东西？过去是否存在类似的问题？利用类比是否可以产生新的观念？是否可以模仿已有产品？能否超过现有的技术？

三是增加方面的思考。检核设计对象可否增加些什么功能？是否可以提高强度或性能？能加倍或放大么？使用寿命是否更长？价值是否能提高？转速是否可以增加？

四是减少方面的思考。检核设计对象是否能减少些什么内容？可否小型化？能否减轻重量、降低高度、压缩、变薄等？

五是改变方面的思考。检核设计对象能否改变功能、形状、颜色、气味、音效等？可否有其他改变的可能？

六是代替方面的思考。检核设计对象可否被代替？可能被什么代替？还有什么别的材料、成分可以代替？是否还有其他方式可以代替制作过程？

七是交换方面的思考。检核设计对象可否有交换模式？可否变幻布置顺序、操作顺序？逻辑因果是否可以交换？

八是颠倒方面的思考。检核设计对象可否颠倒正负、正反？可否颠倒位置、头尾、上下等？可否颠倒作用？

九是组合方面的思考。类似于6.4.3节中所提到的组合法，检核涉及对象可否重新组合？可否尝试混合、合成、协调、配套等？可否把物体或程序组合？

以上是检核表法思考的九个方面，适用于许多领域。无论是在设计思维上，还是在其他行业内，都可以用作创新的方法。

本章小结

本章主要是介绍设计创意的来源及方法。VR设计与其他设计一样，都需要使用一些特殊的方法来激发人的创意，由此赋予设计作品以创新面貌和精髓。

VR技术作为数字媒体技术的新型领域有着自身的发展优势。其所承载的文字、图形、图像、声音、视频影像和动画等媒体，正在被广泛地运用于生活中的方方面面，对人类的影响和意义超乎想象。具有远大发展前景的VR领域在发展过程当中形成了以下几大特点：数字化、交互性、趣味性、集成性。

要想设计出好的作品，首先是满足人的实际需求，其次是满足精神需求，最后还要结合社会的需求。我们在进行VR设计的时候，需要把握好以下几项原则：一是VR模型、色彩、材质、交互界面等设计要素之间需要统一的原则。二是重点内容的强化设计原则。即重点要突出，分出主次效果。三是展示画面保持视觉平衡的设计原则。四是设计元素的比例要协调。五是设计元素需要具备一定的韵律感。除了以上几点原则，创意设计还应该遵循人的心理学、生理学、文学、艺术等多个领域的原则，将各个方面融为一体进行考虑，使设计作品具有综合性的特点。

　　设计创意的产生过程主要是指创意的萌发和定案这一过程。爱因斯坦曾经说过："我满足于做一名按照自己的想象自由绘画的艺术家，想象力比知识本身更为重要，知识是有限的，而想象力使世界丰富多彩。"由此可以看出，设计师需要具有丰富的想象力。那么，设计师的创意源泉一般如何涌现呢？可以通过以下几个阶段来明晰创意：一是头脑风暴阶段；二是对比及确认阶段；三是检验及使用阶段。设计创意的思维方法一般有以下几点：一是抽象思维，二是具象思维，三是灵感思维。在创意思维的引导下，可以通过几个常用的创意创造技法，包括头脑风暴法、列举法、组合法、检核表法，将初始的创意灵感具体运用到设计作品中。

第7章
VR 设计师

设计师是设计创造的主体，是将物质生产与精神生产结合成为一种附加值很高的社会产品的专家。在 21 世纪的今天，一个优秀设计师应具备以下基本素质：

1. 强烈敏锐的感受能力。
2. 发明创造能力。
3. 专业设计能力。
4. 美学修养和鉴赏能力。
5. 探索欲望和敬业精神。
6. 对市场的预测能力和超前意识。

7.1 设计师应具备的知识素质

7.1.1 设计美学

设计美学是在现代设计理论和应用的基础上，结合美学与艺术研究的传统理论而发展起来的一门新兴学科。设计是一门以技术和艺术为基础并在应用中使二者相结合的边缘性学科，它的研究对象、研究范围和具体应用等都有别于传统的艺术学科。设计美学作为设计学科的一个理论分支，其理论也与传统的美学艺术研究不同。因此，它不但在学科定位、研究对象和研究范围上具有自身的特点，不能完全照搬传统的美学理论，而且在现实应用中也有自己独特的要求。

对于一名合格的设计师而言，尤其是 VR 设计师，掌握和运用设计美术学的相关知识是其必备的一项基本素质。审美意识是作为 VR 设计师最基本的前提。艺术是来源于生活的一种至高境界，美是一种追求，美在现实生活中无处不在。作为一个 VR 设计师要对美有一种较高的观察力和鉴赏力，什么是好的、什么是不好的、什么是美的、什么是丑的。此外，在生活的方方面面要时时提高自己的审美情趣与审美素质，这样才可能将自己设计的每一帧画面完美的呈现出来。

7.1.2 设计心理学

设计心理学是设计专业的一门理论课，是设计师必须掌握的学科。它是建立在心理学基础之上，是把人们的心理状态，尤其是人们的需求心理通过意识作用于设计的一门学问。它同时研究人们在设计创造过程中的心态，以及设计对社会及对社会个体所产生的心理反应。并将这些研究反过来再作用于设计，起到使设计更能够反映和满足人们的心理需求的作用。

VR 设计师更应该对设计心理学做一定的探索和研究。开展设计心理学的研究是为了沟通生产者、设计师与消费者的关系，使每一个消费者都能买到称心如意的产品。要达到这一目的，必须了解消费者心理和研究消费者的行为规律。

由于 VR 设计存在一定的特殊性，这就要求 VR 设计师对于设计心理学中的感知觉与设计做到充分的理解并运用于实践。具体需要注意以下两点。

一是感觉。

感觉是人脑对直接作用于感觉器官的客观事物的个别属性的反应。（感觉是刺激作用下分析器活动的结果，分析器是人感受和分析某种刺激的整个神经机构。它由感受器、传递神经、大脑皮层相应区域三个部分组成。）感觉是一种最简单的心理现象，但它有极其重要的意义：它是一切比较高级、复杂的心理活动的基础；它是人认识客观世界的开端，是一切知识的源泉；它是人正常心理活动的必要条件。

二是色彩的心理效应。

色彩是人的视觉器官对可见光的感觉。人们能感知缤纷的世界主要是通过光，但是光能否形成色彩感觉还要受眼睛的生理条件影响（眼睛是人对光的感觉器官，色彩是眼睛对可见光的感觉而不是光本身），健康的眼睛只能在波长 400 微毫米作用下产生紫蓝等色彩感，波长短于 400 毫米紫外光和长于 700 毫米红外光都属于不能给眼睛色彩感的光。一般情况下光源色遇到物体时，是变成反射光或透射光后再进入眼睛，对眼球内网膜产生刺激，又通过视神经达到支配大脑的神经中枢从而产生色感觉。色就是光刺激眼睛所产生的视感觉，其中光、眼睛、神经，即物理、生理、心理三要素是人们感知色彩的必要条件。

任何一种设计都离不开色彩，尤其是 VR 设计者对其设计产品的色彩视知的要求极高。VR 设计师只有将丰富的色彩内容和特征运用于产品之中，才能将体验者带入其设计的产品之中，使观者有更好的体验和感受。日本有些学者将人对色彩的感受概括为七种，即冷暖感、轻重感、软硬感、强弱感、明暗感、宁静兴奋感和质朴华美感。有些感受取决于色彩本身的维度（明度、纯度和浓度），有些感受涉及到前面谈过的视觉质感（视觉质感是所能看到的质感，这种视觉质感吸引了我们亲手触摸，或者说通过质感产生视觉上的感觉），而有些可联系到色彩情感效应和色彩形成待征。

7.1.3 设计方法论

所谓"设计方法论"是选择"设计方法"的"方法"。"设计方法论"的目的是寻路、入门和理清脉络。寻路——引领我们认识"事物"的观念、方法；入门——如何构建"新事物"的概念、方法；理清脉络——必须与其他设计课程互为补充，以形成整个教学体系的"框架结构"。

设计方法论最重要的目标是解决问题，帮助设计师形成方案。所谓"问题"是指设计各要素交织在一起时产生的关系或矛盾。这就要通过灵活运用知识技巧、积累造型经验、总结设计规律的"实践"，使观察问题——分析问题——归纳问题到联想——创造的全过程来掌握"评价"能力。"实践是检验真理的唯一标准"，这是要以解决问题的模式来构筑的，就是所谓的"实践是理论的基础"。这就是要"实事求是"，以"目标"为"方向"，以研究影响"目标"实现的"外部因素"为"结构"，以建立"目标系统"作为"定位"和"评价"的依据，然后选择、组织、整合"内部因素"，最终形成"设计方案"。

7.1.4　设计传播学

作为设计师，除了了解设计产品之外还应该关注传播学领域。众所周知，传播学研究的立足点是人，重点研究人与人之间如何借传播的作用而建立一定的关系。

前面说到，研究传播学其实就是研究人。研究人与人，人与其它的团体、组织和社会的关系；研究人怎样受影响，怎样互相影响；研究人怎样接受新闻与数据。那么首先我们就得了解人与人怎样建立关系。

艺术设计是一门独立的艺术学科，它的研究内容和服务对象有别于传统的艺术门类。同时艺术设计也是一门综合性极强的学科，它涉及到社会、文化、经济、市场、科技等诸多方面的因素，其审美标准也随着这诸多因素的变化而改变。艺术设计贵在创造活动与实践。那么人本身就是从事艺术创造活动的，所以说到设计，实际上是设计者自身综合素质（如表现能力、感知能力、想象能力）的体现。

各个专业虽然对设计知识的着重面不尽相同，但对于"大设计"概念的关于美、节律、均衡、韵律等的要求是一样的。不论是平面的还是立体的设计，设计师首先要面对的是一个对所设计对象的理解——对设计对象相关的背景文化、地理、历史、人文知识的理解。艺术设计是为人服务的，所以还需要传播学的大众传媒知识来做参考，了解导向、需求。

7.1.5　其他人文社科、自然科学知识

人文社会科学是人文学科与社会科学的统称，有时也被称为哲学社会科学、社会科学、文科等。自然科学是研究无机自然界和包括人的生物属性在内的有机自然界的各门科学的总称，是人类改造自然的实践经验即生产斗争经验的总结。对于一个设计师来说，需要明白艺术来源于生活的道理，然后借助各个门类的知识和经验，以促进设计的创新和发展。只有这样才能使得设计师拥有源源不断的设计源泉和活力。

7.2　设计师应具备的职业操守

设计师在遵守我国法律法规的同时，应致力于为客户提供专业的设计服务。诚实守信、相互尊重是立足于社会的基石，是设计师与客户、员工与企业、职员与职员之间关系的基本准则。加强设计师职业道德建设，提高设计师职业素质，对弘扬民族精神和时代精神，形成良好的社会道德风尚，促进设计行业的健康发展，具有十分重要的意义。

7.2.1 养成良好的性格

设计师应该具备良好的性格，善于沟通。设计师之间应互相尊重，还要尊重对方的人格尊严、宗教信仰和个人隐私。应发扬团队合作精神，树立全局意识，共同创造、共同进步，建立和谐的工作环境。设计师之间应建立平等、团结、友爱、互助的关系，提倡相互学习、相互支持，开展正当的业务竞争。

7.2.2 培养观察能力

对时尚敏锐的观察能力和预见性是设计师自我培养的一种基本能力。站在一个高度上讲，设计师担负着引导时尚的责任。设计行业是最时尚的行业，它融合目前全世界最精端的设备和软件，集合全世界最新的信息科技。在网络高速发展的社会，设计师对任何与设计有关的技术、设备、信息都必须了解善用，运用最有效的武器装备自己，集中最新的信息丰富自己，跟紧时代变幻步伐，使自己立于不败。所以说要想从事设计这个职业，必须先学会发现美的东西，眼光要提升然后再来进一步解决表现的方式。美院的基础教育基本上会让想从事设计的人了解多元化的表现方式，也致力于提升想从事设计的同学的造型能力。但是即使美院的优等生往往也不能很好地完成一件另人满意的作品，这就取决于经验的积累及日后不断地提升自己。扎哈·哈迪德，一个被世人称为"女魔头"的时尚女建筑师，以其独具的时尚和顽强，实现了从一个无人问津的"纸上设计师"到建筑界的"强势女主角"的蜕变。

7.2.3 培养正确的服务意识

发扬爱岗、敬业的精神，树立正确的人生观、价值观。努力提高专业能力，包括论证能力、协调能力、观察能力、理解能力、创新思维能力和表达能力等。提高工作效率，创作优秀的设计作品。

7.2.4 有可持续发展的设计指向

创新是设计的灵魂，也是赢得竞争的关键。在社会环境和市场需求变幻莫测的条件下，更要敢于冲破束缚、勇于探索。设计师必须以认真负责的态度，不断增强职业竞争素质，反对粗制滥造、玩忽职守的行为发生。自觉追求完美，努力实现作品价值的最人化，提供符合客户需求的设计作品。

本章小结

本章主要是针对 VR 设计师的基本素质展开探讨，那么一个优秀的 VR 设计师到底需要具备哪些条件呢？

首先是具有扎实的专业知识背景。一是具有设计美学知识背景。对于一名合格的设计师而言，尤其是 VR 设计师，掌握和运用设计美术学的相关知识是其必备的一项基本素质。二是具有设计心理学的知识素养。由于 VR 设计存在一定的特殊性，这就要求 VR 设计师对于设计心理学中的感知觉与设计做到充分的理解并运用于实践。开展设计心理学的研究是为了沟通生产者、设计师与消费者的关系，使每一个消费者都能买到称心如意的产品。要达到这一目的，必须了解消费者心理和研究消费者的行为规律。三是具有设计方法论的专业支撑。设计方法论最重要的目标是解决问题，帮助设计师形成方案。四是具有设计传播学的知识背景，它对产品推广具有一定的指导作用。除此之外，还需要具有其他人文社科专业知识。

其次是具有过硬的职业操守。设计师应该具备良好的性格，善于沟通。站在一个高度上讲，设计师担负着引导时尚的责任。所以设计师需要养成良好的性格，培养观察能力和正确的服务意识，有可持续发展的设计指向。

第8章
VR 应用领域及前景

虚拟现实源于英文 Virtual Reality，通常被简称为 VR。虚拟现实（VR）技术是继计算机、互联网和移动通信之后的又一次信息产业的革命性发展，已成为全球技术研发的热点。VR 技术被公认是 21 世纪最具潜力的发展学科以及影响人类生活的重要技术。VR 技术已被正式列为国家重点发展的战略性新兴产业之一。VR 技术是以计算机技术为核心，融合了计算机图形学、多媒体技术、传感器技术、光学技术、人机交互技术、立体显示技术、仿真技术等，同时蕴含着艺术审美。其目标旨在生成逼真的视觉、听觉、触觉、嗅觉一体化的具有美的真实感的三维虚拟环境。

8.1 VR 应用领域

由于 VR 技术能够再现真实的环境，并且人们可以介入其中参与交互，这使得虚拟现实系统可以在许多方面得到广泛的应用。随着各种技术的相互融合、相互促进和发展，VR 技术在游戏、医疗、教育、娱乐、建筑和工程等各个领域都有极大的发展和应用前景。

8.1.1 游戏领域

VR 在游戏领域的运用已经非常广泛。当人们打开电脑，带上 VR 头盔，便可以进入一个可以操作的虚拟场景之中。借助 VR 其他设备可以完成游戏所需的各项技能，让人能够全身心地投入进去。

腾讯游戏在 2015 年发布的《虚拟现实（VR）游戏产业入门报告》中指出 VR 游戏与传统游戏之间的区别在于"策划——如何利用 VR 的特点，制作三维世界中有趣的游戏体验"。此外，该报告还指出"优化环节也是 VR 游戏的重点，传统游戏只要保证 25fps 就能流畅运行，但 VR 游戏要求更高的 fps 才能确保内容不受延迟的影响，这对技术人员来说是一项严峻的挑战"。简单来说，VR 游戏策划的成败主要还是在于三大方面：一是沉浸感营造得是否够好；二是全景环境视角的把控是否够清晰；三是用于交互的操作设备运用是否完善。如果以上三个方面设计得很不错，那么 VR 游戏推广起来就不成问题了。

目前 VR 游戏领域已经有几十款游戏发布了支持 Oculus Rift 的版本，其中不乏恐怖、射击和模拟生存类的游戏。比如"EVE：瓦尔基里（EVE：Valkyrie）""鬼

影实录（Paranormal Activity）""无处可逃（Edge of Nowhere）""时间机器（Time Machine）"等。

EVE：瓦尔基里（EVE：Valkyrie）游戏主要是在巨大的 EVE 世界里各星系间发生混战，能为游戏机玩家提供恢宏的宇宙体验，如图 8.1 所示。

图 8.1　VR 游戏——EVE：瓦尔基里（EVE：Valkyrie）

鬼影实录（Paranormal Activity）游戏中玩家会在一栋阴森森的房子中来回走动，躲避身后紧追不舍的魔鬼。该游戏包含了许多恐怖因素，能够营造出一种紧张刺激的氛围，如图 8.2 所示。

图 8.2　VR 游戏——鬼影实录（Paranormal Activity）

无处可逃（Edge of Nowhere）游戏主人公将翻越一座座未知的山峰，在绝境中化险为夷。玩家们在游戏中所扮演的角色会遇到各种各样的怪兽，头脑也会时常出现幻觉，而这些幻觉中的场景便是游戏的最精彩部分，如图 8.3 所示。

图 8.3　VR 游戏——无处可逃（Edge of Nowhere）

　　时间机器（Time Machine）游戏中，你将乘坐时光机回到过去，扫描史前海底的各种生物。但当你看到这些海底生物时不能伤害它们，如果它们受到了任何伤害，会立即引起巨大的动荡。对一些转瞬即逝的时光，你能够减慢时间的流逝，但你必须足够接近这些致命的生物，对它们进行扫描以便获取更多的信息，然后将信息传回到今天。游戏中，被传回来的信息将提供给游客，让他们更加了解已灭绝的过去的那些怪兽。这款游戏带有一定的科普性，既有趣味又能学到许多知识，如图 8.4 所示。

图 8.4　VR 游戏——时间机器（Time Machine）

8.1.2　教育领域

　　成立于美国硅谷的 VRIC 公司的联合创始人兼 CEO 姜鹭对记者表示：提到 VR，大部分人想到的是看电影和玩游戏。在目前的消费市场上，娱乐产品仍然是主流，但不可否认的是随着这项技术的日臻成熟，它越来越多地被应用到教育领域。

　　"VR 正在改变传统的教育方式，也在改变传播方式。"姜鹭说。VR 改变了传统的叙事方式，其信息传播不受时空限制的特性让它成为了文化传播的一种新渠道。姜鹭展示了一套由真人实景制作的课程体系，学生可身临其境地感受到国外的风土人情等人文环境。据介绍，VRIC 公司正与北大新媒体合作，为北京大学开发 VR 校园全景，致力于不但将外国文化"引进来"，也助力中国文化"走出去"。

以网龙华渔教育设计研发的古诗《雁门太守行》VR 作品为例，在这一案例中，古诗所涉及到的各个场景和细节都有模型及特效进行展示。当体验者戴上眼镜，便会有一种亲临现场的感觉。在虚拟场景当中，体验者可以使用眼神聚焦或者手柄设备进行互动，这对于体验者来说，可以不再像传统方式学习古诗一般单调，会增添许多动脑动手环节。这样一来，学习的人们通过一次观看，基本上可以了解古诗的意境和具体的内涵，同时还能帮助大脑记忆。不得不说，VR 在教育领域的发展空间将会越来越广，如图 8.5 所示。

图 8.5　古诗《雁门太守行》VR 场景——网龙华渔教育

8.1.3　房地产领域

VR 在房地产领域中的运用主要体现在两大板块：一是便捷看实景，即 VR 房地产；二是便捷看装修效果，即 VR 样板间。

以 VR 样板间为例，众所周知，样板间是以展示促销为目的的。传统的样板间设计和制造，为保证样板房的整体视觉效果，在材料使用上会力求尽善尽美，不惜重金。家具、厨卫设备的选择上也极其高档，基本上都是厂家为样板间"量身定做"。所以样板间的装修是一般人很难承受的装修标准，或者是实际施工很难达到此价格的样板间所具有的这种效果。这样一来，样板间在经济与实用方面其实往往是和现实家装不相符的。最后人们参考样板间所买下的房子，装修时即使参照样板间的模样进行设计，也无法达到和样板间一样的效果。而且最重要的是装修浪费特别严重。除此之外，样板间设计就算设计得再好，也不能满足所有人的喜好。对于喜欢不同风格的人来说，只看样板间一般很难想象得出房子装修成自己心目中的风格到底会是什么效果。在这种情况下，VR 样板间的出现无疑解决了"装修材料浪费严重"和"风格无法符合每一个人"这两大难题。因此 VR 样板间迅速发展起来。VR 样板间制作主要在于模型制作和场景制作。在 VR 样板房场景当中，体验者除了可以看到同一户型的不同风格装修效果以外，还可以在室内进行互动，比如挪动茶杯、开关窗户等，有很强的趣味性，如图 8.6 所示。

图 8.6 万国城 MOMA+VR 3D 虚拟样板间启幕仪式

8.1.4 医疗领域

斯坦福 VR 医疗研究院主任瓦尔特·格林利夫则预测："游戏和影视驱动 VR 技术的发展，但医疗将会是 VR 最大的市场。"在市场驱动下，VR 在医疗领域的落地速度也许会超出我们的预期。

目前，我们所知道的 VR 在医疗领域的运用涉及到辅助戒毒、社交恐惧症治疗、恐高症治疗、术前规划、手术导航、医疗教育等。某种程度上来说，VR 在医疗领域运用得较为成功，它的确打破了传统医疗的许多方面，给医疗领域注入了新的活力。

比如治疗恐高症的 VR 游戏"高空救猫"，在游戏中，体验者需要在相当于 200 米高度的位置上去救薄木板上的一只猫。游戏场景做得相当逼真，包括电梯上升的重力感、天空颜色的变化、视角的变化等，这些能让体验者感觉跟现实场景中一模一样。因此可想而知，对于恐高症患者来说这是一场多么可怕的体验。对于那些想治愈恐高症的人来说，体验这种游戏比亲临现场稍微容易接受一点。所以，此游戏常被用于治疗恐高症患者，如图 8.7 所示。

图 8.7 治疗恐高症的 VR 游戏"高空救猫"虚拟画面

8.1.5 工程领域

VR 技术已在各种工程领域逐渐涉及，比如航空、地铁、高铁、建筑等领域。现在人们在许多复杂工程的研发和施工过程中都或多或少地引入了 VR 技术，这不仅能将未知的不可估量的效果展现在大家面前，还可以为设计师和施工者提供预先施工的各种方案及可行性分析，大大提高了施工的效率和质量。

案例一，VR 技术在建筑领域的运用。据报道，由中建八局西南公司承建的重庆来福士广场 T3N 塔楼核心筒和 T2 塔楼完成结构封顶，两栋塔楼均提前约 80 天完成封顶。T3N 塔楼建筑总高度达到 356 米，地上 73 层，成为重庆在建的第一高楼；T2 塔楼约 250米，共 47 层。有报道说该工程项目曾大量使用黑科技，其中就包括虚拟现实技术，如图 8.8所示。

图 8.8　重庆来福士广场效果图

案例二，VR 技术在智能交通领域的运用。第一、VR 技术可以用于测试交通方案；第二、VR 技术可以用于宣传交通安全教育；第三、VR 技术可以用于轨道交通仿真系统；第四、VR 技术可以用于驾驶培训领域；第五、VR 技术可以用于站内导航，如图 8.9 所示。

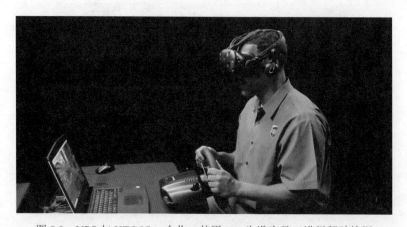

图 8.9　UPS 与 HTC Vive 合作，使用 VR 头设为员工进行驾驶培训

8.2 VR 前景

8.2.1 VR 产业需求背景

计算机数字媒体应用技术专业，特别是以虚拟现实技术为代表的数字媒体产业，在整个电子信息产业发展中占据非常重要的领域和地位。计算机、软件和网络是电子信息的技术基础，但是虚拟现实技术将是电子信息产业未来的发展趋势。重庆市"十三五规划纲要"指出："大力发展互联网软件及技术服务、大数据处理等新产业；积极发展智能硬件、云制造等新业态；大力发展电子商务、移动支付、O2O 平台等新经济业态；大力发展面向制造业的信息技术服务，积极推动互联网、云计算、大数据、物联网等在制造业的广泛应用"，强烈表达了对智能产业领域内能解决实际问题的高端技术技能人才培养的高度的关注。

2016 年 9 月 3 日，习主席在 G20 峰会上的讲话中提到"以互联网为核心的新一轮科技和产业革命蓄势待发，人工智能、虚拟现实等新技术日新月异，虚拟经济与实体经济的结合，将给人们的生产方式和生活方式带来革命性变化。"对于虚拟现实技术的支持，从国家政策上来看，2015 年虚拟现实已经进入国家重点支持的高新技术领域目录。2016 年 3 月份"十三五规划纲要"中将虚拟现实列为重点支持的新兴支撑产业。随着时间的推移，工信部、住建部、发改委、国务院、三部委、文化部分别针对虚拟现实技术出台了相关文件和要求，将 AR、VR 技术纳入"互联网 +"建设专项，大力鼓励虚拟现实技术的开发和新技术引进，并且将 VR、AR 纳入了智能硬件产业创新专项行动。在地方政策方面，全国大部分城市已经意识到虚拟现实技术的重要性。北京、上海、浙江、重庆、四川、湖南、福建、江西、广东等地纷纷采取了相应措施。其中重庆市经济和信息化委员会于 2016 年 8 月印发的《关于加快推进虚拟现实产业发展的工作意见》中明确指出："以创新、协调、绿色、开放、共享的发展理念为指导，贯彻落实《中国制造 2025》的决策部署，深刻把握'互联网 +'时代大融合、大变革趋势，强化顶层设计和规划布局，坚持引进和培育并重，以应用服务为导向，以提升产业竞争力为目标，着力营造良好的产业发展环境，突破一批核心关键技术，探索新的商业模式，形成硬件设备制造和内容服务同步、新兴技术与行业应用融合的发展格局，促进虚拟现实产业健康发展，培育我市经济社会发展新动能。"

在国家和地方政策的支持下，现在全国各地已经开始进行建造 VR 产业基地。多达 20 几个省市的 VR 基地已经在进行建设当中。2016 年 9 月 29 日，在工业和信息化部电子信息司指导下，虚拟现实产业联盟成立，超过 160 家企业和机构加入。包括 HTC、阿里巴巴、网龙、优酷、华为、三星、AMD、Unity、北京师范大学、美国哥伦比亚大学、中国科学院等。

目前，重庆地区电子信息产品制造业相对发达，引进了惠普、宏碁等顶级品牌及广

达、英业达和富士康等代工企业。硬件制造业占全行业的 77.89%，发展水平排名西部第一。但是信息服务业的发展较为滞后，仅占 22.11%。发展水平在西部各省中的排名在四川和陕西之后。其主要原因是现有相关信息企业普遍存在规模较小、经营业务缺乏延续性、创新研发能力偏弱和人才储备匮乏等问题，致使目前信息从业人员的结构分布不合理，大量人员从事低层次的事务性、重复性工作。因此，重庆市相关信息企业急需高端技术技能人才来丰富企业的人才储备，提升企业的发展潜力。

8.2.2　计算机数字媒体应用技术专业人才需求

重庆市"十三五"期间到 2020 年经济社会发展及该市网络化、数字化、智能化对高端技术技能人才的需求是相当大的。但调查结果表明，重庆市智能化产业领域的技术技能人才的现状同这一发展目标是不相适应的。未来高端技术技能人才的培养取决于社会整体发展的需要，高端技术技能专业人才的建设对国民经济的发展，尤其是信息化的进程具有决定性作用。国家有关部门对未来 10 年人才需求预测结果表明，从事软件开发、硬件设计、数字媒体应用技术、虚拟现实技术等方面的专业人才需求将持续增长。通过相关行业统计的 VR 人才需求量分析，美国 VR 人才占全球总数 40%，中国 VR 现有人才数量占全球 2%，比印度还低。从 VR 职位需求量来看，美国独占近半，中国则约占 18% 紧随其后（预计 2018 年有近 50 万的人才缺口）。由此可见，中国 VR 产业仍在摸索阶段，急缺复合型专业人才，如图 8.10 所示。

图 8.10　全球各国 VR 人才需求量

对于虚拟现实技术行业的就业前景，通过拉勾网的数据分析，发现 VR 的就业岗位集中在六大板块：一是技术、二是产品、三是运营、四是设计、五是市场、六是职能。其中技术型人才是当前需求量最大的核心岗位。VR 开发类的岗位主要是指 VR 程序开发设计，包括 VR 程序员、VR 开发工程师、VR 交互工程师。这类职业的薪资范围最高的可以达到 19000 元 / 月，最低也可以达到 7000 元 / 月。随着工作年限的增长，差距将会越来越明显，这是一个越老越有价值的行业。在就业门槛方面，VR/AR 公司学历要求普遍比较宽松，以技术水平论高低。一般大专毕业甚至中专刚毕业的学生都能找到相应的工作。因此 VR 的发展前景是十分广阔的。

本章小结

本章内容主要介绍 VR 产业在各大行业中的应用现状，供大家深入了解 VR 设计产业未来的发展方向。

随着各种技术的相互融合、相互促进和发展，VR 技术在游戏，医疗，教育，娱乐，建筑和工程等各个领域都有极大的发展和应用前景。如 VR 在游戏中的应用，当人们打开电脑，带上 VR 头盔，便可以进入一个可以操作的虚拟场景之中。借助 VR 其他设备可以完成游戏所需的各项技能，让人能够全身心地投入进去。在国家和地方政策的支持下，现在全国各地已经开始进行建造 VR 产业基地，多达 20 几个省市的 VR 基地已经在进行建造当中。

对于虚拟现实技术行业的就业前景，通过拉勾网的数据分析，在就业门槛方面，VR/AR 公司学历要求普遍比较宽松，以技术水平论高低。一般大专毕业甚至中专刚毕业的学生都能找到相应的工作。面对如此前景广阔的产业，我们需要加快脚步，积极学习相关知识，储备自身的设计能力，以便应对未来的社会发展形势。

参考文献

[1] 李小莹，张艳霞. 艺术设计概论 [M]. 北京：北京理工大学出版社，2009.

[2] 何人可. 工业设计史 [M]. 北京：北京理工大学出版社，2009.

[3] 凌继尧. 艺术设计概论 [M]. 北京：北京大学出版社，2012.

[4] 李砚祖. 工艺美术概论 [M]. 北京：中国轻工业出版社，1999.

[5] 伍云秀，李佳，武明煜. 艺术设计理论体系风格嬗变 [M]. 北京：中国水利水电出版社，
     2014.

[6] 刘海平. 设计概论 [M]. 北京：北京大学出版社，2010.

[7] 杨志，周秀. 艺术设计概论 [M]. 北京：高等教育出版社，2016.

[8] 祁嘉华. 设计美学 [M]. 武汉：华中科技大学出版社，2009.

[9] 张艳. 空间构成 [M]. 西安：西安交通大学出版社，2011.

[10] 杨志. 品牌文化形象设计 [M]. 北京：中国建筑工业出版社，2013.

[11] 杨志. 品牌联想设计战略 [M]. 北京：光明日报出版社，2013.

[12] 李宝元. 广告学教程 [M]. 北京：人民邮电出版社，2010.

[13] 李泰山. 空间设计形式与风格 [M]. 北京：人民美术出版社，2012.

[14] 李欣. 艺术设计类专业概论与职业导论 [M]. 广州：中山大学出版社，2009.

[15] 王受之. 世界现代设计史 [M]. 深圳：新世纪出版社，1996.

[16] 杨仲明. 创造心理学入门 [M]. 武汉：湖北人民出版社，1988.

[17] 简召全. 工业设计方法学 [M]. 北京：北京理工大学出版社，1995.

[18] 吴学夫. 设计思维训练：以艺术的方法解决设计创意问题 [M]. 北京：中国传媒大
     学出版社，2007.

[19] 祝帅. 中国文化与中国设计十讲 [M]. 北京：中国电力出版社，2008.

[20] 翟墨. 人类设计思潮 [M]. 石家庄：河北美术出版社，2007.

[21] 奥博斯科编辑部. 配色设计原理 [M]. 北京：中国青年出版社，2009.

[22] 唐纳德·A·诺曼. 设计心理学 [M]. 北京：中信出版社，2016.

[23] 邢让多杰. 玩家思维：游戏设计师的自我修养 [M]. 北京：电子工业出版社，2016.

[24] 张建翔，周鸿亚，钟远波. 电子游戏设计概论 [M]. 北京：海洋出版社，2016.

[25] （美）Katherine Isbister（凯瑟琳·伊斯比斯特）. 游戏情感设计：如何触动玩家的
     心灵 [M]. 金潮，译. 北京：电子工业出版社，2017.

[26] 师维. 游戏 UI 设计：修炼之道 [M]. 北京：电子工业出版社，2018.

[27] 郝士明. 材料图传——关于材料发展史的对话 [M]. 北京：化学工业出版社，2014.

[28] （英）迈克尔 F. 阿什比. 产品设计中的材料选择 [M]. 北京：机械工业出版社，2017.

[29] 缪莹莹，孙辛欣. 产品创新设计思维与方法 [M]. 北京：国防工业出版社，2017.

[30] （法）阿格尼斯•赞伯尼. 材料与设计 [M]. 北京：中国轻工业出版社，2016.

[31] 左佐. 设计师的自我修养 [M]. 北京：电子工业出版社，2014.